BIOskop

Gymnasium Bayern 8

Strukturierungsvorschläge und Aufgabenlösungen

Herausgeber
Rainer Hausfeld
Wolfgang Schulenberg

Autoren
Rainer Hausfeld
Ulrich Helmich
Margit Hertel
Mariela Kalkhake
Daniel Klaßen
Joachim Kühmstedt
Martin Ratermann
Wolfgang Schulenberg
Franz Stoppel
Henning Teschner
Anna Wittekindt

westermann

Druck A[1] Jahr 2006
Alle Drucke der Serie A sind im Unterricht parallel verwendbar.

Redaktion: Heidrun Kiene
Herstellung: Mediengestaltung CeZet Claudia Zierenberg
Umschlaggestaltung und Typografie: Jennifer Kirchhof
Druck und Bindung: westermann druck GmbH, Braunschweig

ISBN 978-3-14-159512-1
alt: 3-14-159512-1

Inhaltsverzeichnis

Jedem Abschnitt ist ein **Strukturierungsvorschlag** vorangestellt. Der Strukturierungsvorschlag bietet Ihnen eine Übersicht, wie Sie die inhaltliche Abfolge des jeweiligen Themas im Unterricht strukturieren können. Den einzelnen Schritten dieses Strukturierungsvorschlags sind die Abbildungen und Arbeitsmaterialien des Schülerbuches zugeordnet.

M Erschließungsfelder

1

1) *Angepasstheit:* Der helle Birkenspanner ist sehr gut an seine Umgebung angepasst, er ist vor dem Hintergrund der Birkenborke kaum zu sehen und so vor Feinden geschützt. Der schwarze Birkenspanner ist dagegen schlecht angepasst, er ist für Fressfeinde leicht zu erkennen, Vorteile bringt die schwarze Färbung dagegen auf dunklen Stämmen.
   Vielfalt: Der Birkenspanner kommt in unterschiedlicher farblicher Ausprägung vor, daran zeigt sich biologische Vielfalt innerhalb einer Art.
   Stoffe und Energie: Hummeln besitzen (wie alle Insekten) kein geschlossenes Blutgefäßsystem. Dennoch wird das Blut durch den Körper gepumpt. Dazu dient unter anderem das schlauchförmige Herz auf der Rückenseite.
2) *Fortpflanzung + Entwicklung:* Die Paarung der Frösche (äußere Befruchtung, Ei- und Spermienabgabe ins Wasser) dienen der Fortpflanzung, aus den befruchteten Eizellen entwickeln sich neue Lebewesen.
3) *Evolution (Stammesgeschichte):* Dieses Fossil hatte offenbar Flügel. Der als Fossil bekannte Urvogel Archaeopteryx könnte in der Evolution am Beginn der Entwicklung der Vögel gestanden haben, die sich aus den Reptilien entwickelten.
4) *Fortpflanzung und Entwicklung:* Die Raupe wird sich später in ihrem Leben zu einem Falter entwickeln.
   Struktur + Funktion: Der Körperbau der Raupe ermöglicht ihr, sich auf dünnen Ästen zu bewegen und ihre speziellen Mundwerkzeuge haben die Funktion, Blätter zu zerkleinern.
   Stoffe + Energie: Die Raupe nimmt Nahrung auf und wandelt im Stoffwechsel Energie um, so dass diese für das Tier verfügbar wird, z.B. um sich zu bewegen.
5) *Information + Kommunikation:* Insekten haben als Sinnesorgane u. a. große Komplexaugen und verschiedene Tasthaare.
6) *Struktur und Funktion:* Die langen Beine (Struktur) des Grashüpfers ermöglichen ihm durch Hebelwirkung große, kraftvolle Sprünge (Funktion).
7) *Vielfalt:* Die Welpen eines Wurfes unterscheiden sich, z. B. in ihrer Fellfärbung. An ihnen zeigt sich die biologische Vielfalt, hier zwischen Individuen einer Art.
   Fortpflanzung und Entwicklung: Die Welpen sind noch jung, wenn sie älter werden, wachsen sie und entwickeln sich weiter.
8) *Wechselwirkungen:* Zwischen Pflanze und Schmetterling besteht eine Wechselwirkung.
   Struktur und Funktion: Die Struktur des Saugrüssels ermöglicht dem Schmetterling die Nektaraufnahme vom Blütenboden (Funktion).
   Stoffe und Energie: Der Schmetterling nimmt Nahrung auf und wandelt im Stoffwechsel Energie um, so dass diese für das Tier verfügbar wird, z. B. um sich zu bewegen.

1 Leben auf der Erde

1.1 Lebewesen haben typische Kennzeichen

Lebewesen zeigen typische Kennzeichen :
- Reizbarkeit
- selbstständige Bewegung
- Fortpflanzung
- Wachstum
- Entwicklung **1**
- Stoffwechsel Abb. 1, 2

Auch unbelebte Phänomene können einige Kennzeichen von Lebewesen zeigen. **2** Abb. 3

Lebewesen zeigen alle Kennzeichen des Lebendigen. **1c**

1

a) Ein Lebewesen erkennt man daran, dass es auf Reize reagiert, selbstständige Bewegungen ausführen kann, sich fortpflanzt, wächst und sich entwickelt und Stoffwechsel treibt.
b) Bild 1 a) Ein Eichhörnchen auf der Flucht
Bild 1 b) Ein Eichhörnchen isst eine Nuss.
Bild 1 c) Ein Eichhörnchen beobachtet seine Umwelt.
Bild 1 d) Junge Eichhörnchen im Nest (Kobel)
Bild 2 a) Frösche bei der Eiablage (Ablaichen)
Bild 2 b) Ein Apfel
Bild 2 c) Eier im Vogelnest
Bild 2 d) Eine Schnecke auf einem Blatt
Bild 2 e) Eine Kerzenflamme
Bild 2 f) Eine Spinne im Netz
c) Siehe Tabelle unten.
Anmerkungen zur Tabelle: Im Falle des Apfels und der Vogeleier wären mehrere Interpretationen möglich. Der Apfel enthält Samenkörner mit pflanzlichen Embryonen, aus denen sich Apfelbäume entwickeln können, die sicher alle Kennzeichen des Lebendigen zeigen. Insofern ist auch ein Apfel als Lebewesen zu charakterisieren, obwohl er selbst nicht alle Kennzeichen von Lebewesen, wie etwa das der selbstständigen Bewegung, zeigt. Entsprechendes gilt für die Vogeleier.

2

Beobachtung: In dem Reagenzglas wächst ein bräunliches, schlauchartiges Gebilde. Ständig platzt die Haut, die das schlauchartige Gebilde umgibt, an einigen Stellen auf. An diesen Stellen bilden sich sofort neue Blasen, sodass der Schlauch immer weiter wächst.
Entsteht hier Leben? Das Gebilde wächst wie ein Lebewesen. Es nimmt Stoffe aus der Umgebung auf. Es ist jedoch nicht reizbar, pflanzt sich nicht fort und ist nicht zu selbstständiger Bewegung fähig. Da nicht alle Kennzeichen eines Lebewesens vorliegen, handelt es sich nicht um ein Lebewesen.

Kennzeichen des Lebendigen	Frosch	Apfel	Ei	Schnecke	Kerzenflamme	Spinne
Wachstum und Entwicklung	ja	ja*	ja*	ja	ja	ja
Selbstständige Bewegung	ja	ja*	ja*	ja	nein	ja
Reizbarkeit	ja	ja*	ja*	ja	nein	ja
Stoffwechsel	ja	ja	ja	ja	ja	ja
Fortpflanzung	ja	ja*	ja*	ja	nein	ja

1.2 Sind Pflanzen auch Lebewesen?

Pflanzen sind reizbar, sie pflanzen sich fort, haben einen Stoffwechsel und entwickeln sich.	1 2 Abb. 1,3
Pflanzen können sich bewegen.	3 Abb. 2,4,5
Pflanzen zeigen alle Kennzeichen von Lebewesen.	4

1

a) Nach einem Tag kann man eine kleine Wurzel erkennen.
Nach zwei Tagen sind die Keimlinge bereits einige Millimeter hoch.
Nach drei Tagen erkennt man, dass die Keimlinge zum Loch/Licht hin wachsen.
b) Die Kresse wächst heran und entwickelt sich. Sie zeigt also die Kennzeichen Wachstum und Entwicklung.
Die Keimlinge verbrauchen Wasser, haben also einen Stoffwechsel.
Kressepflanzen wachsen zum Licht. Sie sind also durch Licht reizbar.

2

Abb. 4: Die Mimose hat nach der Berührung ihre Fiederblätter ein- und ihre Blätter herunter geklappt.
Abb. 5: Die Venus-Fliegenfalle klappt ihre Blätter bei Berührung durch die Fliege zusammen.
Besonders deutlich zeigen diese beiden Pflanzen das Kennzeichen „Reizbarkeit" und das Kennzeichen „selbstständige Bewegung".

3

a) Die Blüte der Gänseblümchen ist am Tage geöffnet. Am Abend schließen sich die Blüten der Gänseblümchen.
b) In dem Diagramm ist die Blattstellung der Bohnenpflanze beschrieben. Im Tagesverlauf werden die Blätter am Tage ausgebreitet und danach wieder herunter geklappt. Sie nehmen dann (nachts) ihre „Schlafstellung" ein.

4

Eine Mimose ist ein Lebewesen. Damit sie wachsen kann, benötigt sie Mineralsalze und Kohlenstoffdioxid. Sie nimmt Stoffe aus ihrer Umgebung auf und wandelt sie in ihrem Inneren um. Sie treibt Stoffwechsel. Wenn man eine Mimose berührt, klappt sie ihre Blätter sofort zusammen. Eine Mimosenpflanze ist also reizbar. Mimosen produzieren Samen. Aus diesen Samen entwickeln sich neue Mimosenpflanzen. Die Mimose zeigt also die Kennzeichen Fortpflanzung und Entwicklung. Die Mimosenpflanze kann ihre Blätter so bewegen, dass sie möglichst viel Licht einfangen können. Mimosenpflanzen sind also zu selbstständigen Bewegungen in der Lage.

1.3 Die Reiche der Lebewesen

–

M Eine Mind Map erstellen

–

1.4 Die Entstehung der Erde

Vom Urknall zur heutigen Erde – Stadien der Evolution und deren zeitliche Abfolge	1 Abb. 1,2

Die Bedingungen auf der frühen Erde als Voraussetzung für die Entstehung organischer Moleküle

Simulation von Evolutionsvorgängen – Das Miller-Experiment	2 Abb. 2

2

a) Abbildung 1 zeigt die Entstehung des Weltalls und die Entwicklung der Erde vom Urknall vor 14 Milliarden Jahren bis zur Besiedlung der Erde durch den Menschen vor 2 Millionen Jahren. Abbildung 2 zeigt ein Bild der Erde während der chemischen Evolution und ist zeitlich zwischen der Entstehung unseres Sonnensystems mit seinen Planeten vor neun Milliarden Jahren und der Entwicklung der ersten Lebensformen auf der Erde vor 3,8 Milliarden Jahren einzuordnen.
b) Als physikalische Evolution bezeichnet man die Phase vom Urknall bis zur Entstehung unseres Sonnensystems mit seinen Planeten. Als chemische Evolution bezeichnet man die Phase der Erdgeschichte, in der organische Moleküle entstanden. Die biologische Evolution beginnt mit der Entstehung der ersten Zellen im Urozean.

2

a) Miller simulierte in seinem Experiment die Bedingungen der frühen Erde: Wasser wird erhitzt und der Wasserdampf in einen Kolben geleitet, in dem sich als Gase Ammoniak, Methan, Wasserstoff und Wasser befinden. Mit zwei Elektroden wird im Kolben ein Blitz erzeugt. Das durch Kühlung kondensierte Wasser enthält anschließend Aminosäuren, die in der chemischen Analyse nachgewiesen werden können.
b) Aus Wasser und anorganischen Gasen können unter Energiezufuhr (elektrische Entladungen) organische Verbindungen (Aminosäuren) entstehen.
c) Nur die letzte Aussagen trifft zu: Miller konnte zeigen, dass die Entstehung von organischen Verbindungen und damit die Vorstufe von Leben aus anorganischen Vorstufen unter den Bedingungen der frühen Erde prinzipiell möglich war. Ob sich daraus Leben entwickeln konnte, kann Miller nicht beantworten. Den Beweis, dass Leben wirklich in der angenommenen Weise entstanden ist und z. B. Lebensformen nicht durch Meteoriten auf die Erde gelangten, kann sein Experiment nicht erbringen.
d) Die elektrischen Entladungen zwischen den Elektroden simulieren die Blitze während der häufigen, heftigen Gewitter auf der frühen Erde. Die Gase im Kolben (Ammoniak, Methan, Wasserstoff, Wasser) simulieren die Uratmosphäre. Der Kolben mit Wasser (und zunehmend auch organischen Stoffen) simuliert den Urozean.

1.5 Die Geschichte des Lebens auf der Erde

Entwicklung eines Gefühls für verschiedene Zeiträume	2

Stationen der Entwicklung des Lebens auf der Erde	1 Abb. 1,2

Auch der Planet Erde verändert sich	3 Abb. 3

Blick in die Zukunft	4

1

a) Zeitleiste 28,5 cm
Kambrium: Dauer 60 Mio Jahre = 30 mm = 3 cm
Ordovizium: Dauer 75 Mio Jahre = 37,5 mm = 3,8 cm
Silur: Dauer 25 Mio Jahre = 12,5 mm = 1,3 cm
Devon: Dauer 55 Mio Jahre = 27,5 mm = 2,8 cm
Karbon: Dauer 65 Mio Jahre = 32,5 mm = 3,3 cm
Perm: Dauer 40 Mio Jahre = 20 mm = 2 cm
Trias: Dauer 45 Mio Jahre = 22,5 mm = 2,3 cm
Jura: Dauer 70 Mio Jahre = 35 mm = 3,5 cm
Kreide: Dauer 70 Mio Jahre = 35 mm = 3,5 cm
Tertiär: Dauer 63,4 Mio Jahre = 31,7 mm = 3,2 cm
Quartär: Dauer 1,6 Mio Jahre = 0,8 mm = 0,1 cm
b) Vor 500 Mio Jahre, d.h. bei 25 cm vom Ende des Quartärs gemessen, im Ordovizium: erste Wirbeltiere
Vor 440 Mio Jahre, d.h. bei 22 cm vom Ende des Quartärs gemessen, im Ordovizium: erste Pflanzen auf dem Festland
Vor 410 Mio Jahre, d.h. bei 20,5 cm vom Ende des Quartärs gemessen, im Devon: erste Insekten
Vor 355–290 Mio Jahre, d.h. bei 17,8–14,5 cm vom Ende des Quartärs gemessen, im Karbon: Steinkohlewälder
Vor 200 Mio Jahre, d.h. bei 10 cm vom Ende des Quartärs gemessen, im Jura: erste Säugetiere
Vor 130 Mio Jahre, d.h. bei 6,5 cm vom Ende des Quartärs gemessen, in der Kreide: erste Blütenpflanzen
Vor 65 Mio Jahre, d.h. bei 3,3 cm vom Ende des Quartärs gemessen, in der Kreide: Aussterben der Dinosaurier
Vor 2 Mio Jahre, d.h. bei 1 mm vom Ende des Quartärs gemessen, im Quartär: erste Menschen
c) Das Präkambrium begann vor 4,8 Milliarden Jahren, d.h. 4800 Mio Jahre entsprechen 2400 mm = 240 cm = 2,4 m.
d) –

2

4,8 Mrd Jahre – Alter der Erde
2 Mio Jahre – so lange gibt es den Menschen
500 Mio Jahre – so lange gibt es Wirbeltiere
1300 Jahre – Höchstalter einer Eiche
3,8 Mrd Jahre – Alter des Lebens auf der Erde
1 Jahr – Dauer eines Erdumlaufs um die Sonne
1 Tag – Dauer einer Erdumdrehung
1 Sek – so lange braucht das Licht für 300 000 km
100 Jahre – Höchstalter eines Wals

3

Vor 250 Millionen Jahren bildeten die heutigen Kontinente zwei riesige zusammenhängende Kontinente, Laurasia (N-Amerika und Eurasien) nördlich des Äquators und südlich des Äquators Gondwana (S-Amerika, Afrika, Asien, Australien, Antarktis), China und Indien waren vorgelagerte Inseln. Beide Riesenkontinente lagen eng beieinander; die restliche Erdoberfläche war von Meer bedeckt. Heute liegt die Landmasse hauptsächlich auf der Nordhalbkugel. N-Amerika und S-Amerika hängen nur locker zusammen, Europa, Asien, Indien, Arabien und Afrika bilden eine zusammenhängende Landmasse, die Antarktis liegt isoliert am S-Pol.

4

Eine weitere Veränderung ist wahrscheinlich, da die Bedingungen auf der Erde sich im Laufe langer Zeiträume ändern und mit ihnen verändern sich die Lebewesen.
Mögliche Diskussionsstichworte: Veränderte Umweltbedingungen: Klimaänderung, Schmelzen der Pole, Vulkanausbrüche verändern die Landschaft; Ausrottung von Arten durch den Menschen, Entstehung neuer Arten.

5

Jedes heutige Lebewesen ist durch Fortpflanzung aus seinen Vorfahren hervorgegangen. Diese Fortpflanzungskette lässt sich gedanklich bis zu den Ursprüngen des Lebens zurück verfolgen.

2 Bakterien

2.1 Bau und Vermehrung von Bakterien

Bau von Bakterien	Abb. 1–3
Vermehrung von Bakterien durch Zweiteilung	1 Abb. 4
Wachstum von Bakterienkulturen	2 3 Abb. 4,5
Temperatureinfluss bei der Bakterienvermehrung	4 Abb. 6

1

Die Berechnung erfolgt nach der Formel Anzahl = 2^n, wobei n für die Anzahl an Teilungsschritt steht: nach 0,5 Stunden ist n = 1; nach 1 Stunde ist n = 2; nach 1,5 Stunden ist n = 3 usw.

In 24 Stunden finden 48 Teilungsschritte statt: Anzahl = $2^{48} = 2{,}8147 \times 10^{14}$.

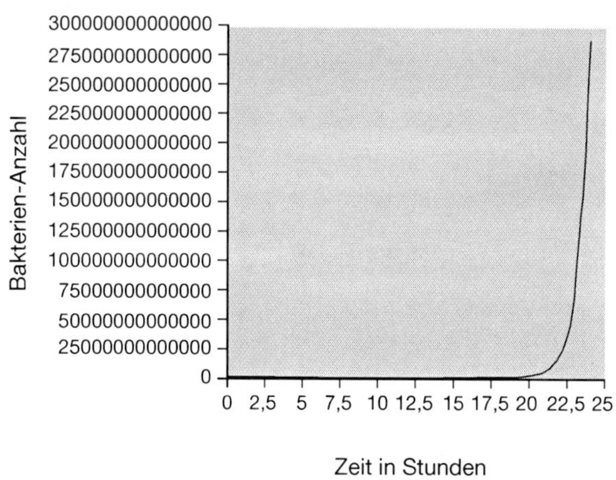

2

a) A: Nur wenige Bakterien, daher nur geringe Zunahme trotz guter Wachstumsbedingungen.

B: Je mehr Bakterien vorhanden sind, um so mehr können sich teilen: Exponentielle Zunahme, bis die Bedingungen für das Wachstum und die Teilungen durch Konkurrenz zum Beispiel um Platz untereinander schlechter werden.

C: Die Zahl der Bakterien bleibt ungefähr gleich. Es ist noch genügend Nahrung vorhanden, aber kein weiterer Platz. Es finden praktisch keine Teilungen mehr statt.

D: Wegen Nahrungsmangel sterben Bakterien ab.

b) Beide Bakterienarten vermehren sich zunächst. Je mehr Bakterien der Art A entstehen, um so mehr Hemmstoffe werden abgegeben. Die Zahl der Bakterien der Art B nimmt ab. Für die Art A ergibt sich der weitere Verlauf der Bakterienanzahl wie in Abb. 5.

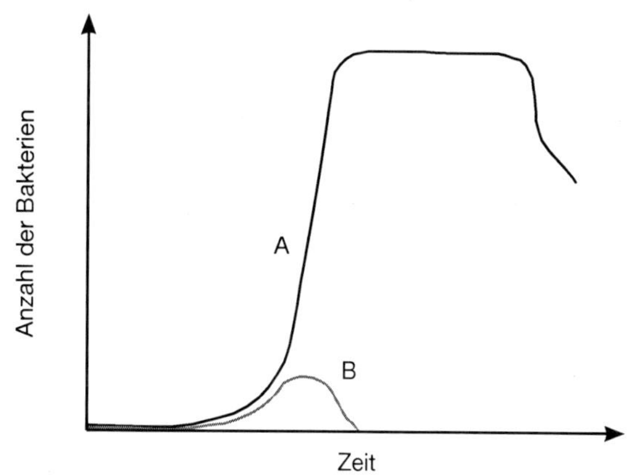

3

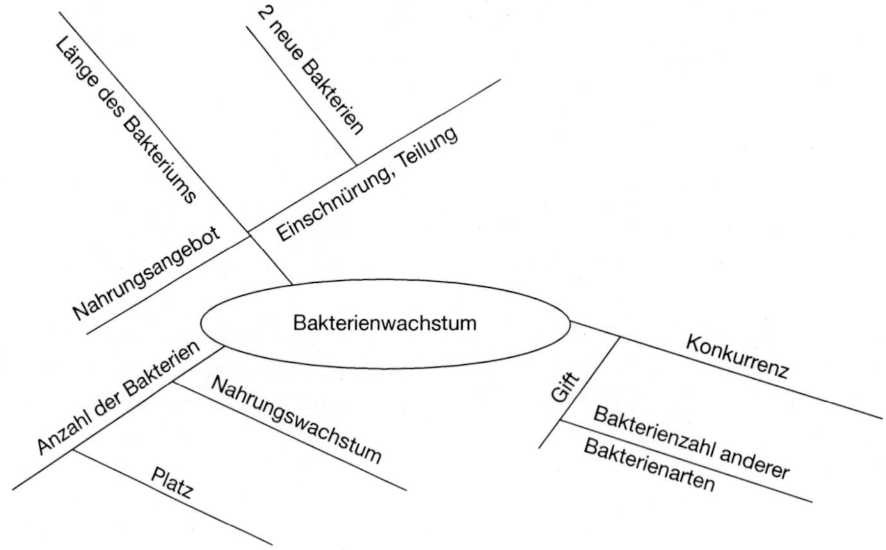

4

Das Flusswasser wird gut durchmischt und es wird eine Probe entnommen, z. B. ein Milliliter Wasser. Diese Probe wird nun unter dem Mikroskop betrachtet, wobei darauf geachtet werden muss, dass die Bakterien unter dem Deckglas fixiert sind. Nun kann genau gezählt werden, wie viele Bakterien sich in diesem ml Flusswasser befinden. Anschließend kann hochgerechnet werden, wie viele Bakterien sich in einem Liter Flusswasser befinden.

5

a) Die Vermehrung erfolgt bei steigender Temperatur schneller. Kühlung verlangsamt die Bakterienvermehrung und führt zu einer längeren Haltbarkeit der Lebensmittel. Dabei sind Temperaturen unter 10 °C sinnvoll ⊠ Lagerung im Kühlschrank.

b) 10 °C Temperaturerhöhung bewirken eine Verdopplung der Bakterienzahl.

2.2 Stoffwechselwege bei Bakterien

Autotrophe Organismen/Bakterien	Abb. 1
Heterotrophe Organismen/Bakterien	Abb. 2
Vergleich der Stoffwechselwege	**1** Abb. 3
Beispiele für das Zusammenwirken von Stoffwechselwegen	**2** **3** Abb. 4

1

a)

a: Fotosynthese, autotrophe Bakterien

b: Atmung, heterotrophe, aerobe Bakterien

c: Chemosynthese, autotrophe Bakterien

Allen gemeinsam: Organische Stoffe in der Bakterienzelle werden zum Teil abgebaut um Energie zu gewinnen, zum Teil zum Aufbau körpereigener organischer Stoffe verwendet.

Gemeinsamkeiten von Fotosynthese und Chemosynthese: Aus Kohlenstoffdioxid werden organische Stoffe aufgebaut.

Unterschiede von Fotosynthese und Chemosynthese: Die Energie zum Stoffaufbau stammt bei der Fotosynthese aus dem Sonnenlicht, bei der Chemosynthese aus der Oxidation von z. B. Eisen.

Bei der Atmung werden die organischen Stoffe von der Zelle aufgenommen, beim Abbau wird Sauerstoff benötigt.

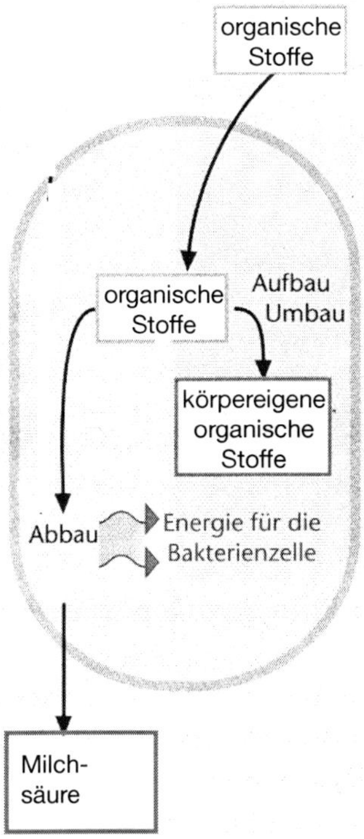

b) Anaerobe Bakterien nehmen organische Stoffe auf und bauen sie ohne Sauerstoff zur Energiegewinnung ab. Man nennt diesen Vorgang Gärung. Bei Milchsäurebakterien entsteht dabei Milchsäure.

2

Die Bakterien wandeln die für die Rinder unverdaulichen Stoffe in Zucker um. Zucker kann auch von den Rindern verdaut werden. Die Bakterien erschließen so den Rindern zusätzliche Nahrung. Die Bakterien finden dabei selbst Nahrung und ideale Lebensbedingungen.
Ein Teil der Bakterien gelangt mit der zerkleinerten Nahrung in den Labmagen und wird verdaut, dient also selbst als weitere Nahrung für die Rinder.

3

a) Energiegehalt: Glucose > Milchsäure > Kohlenstoffdioxid
Beim Abbau von Zucker zu Milchsäure wird weniger Energie gewonnen als beim Abbau zu Kohlenstoffdioxid.
b) So lange noch Sauerstoff vorhanden ist, betreiben die Milchsäurebakterien Atmung. Dabei entsteht Kohlenstoffdioxid. Wenn der Sauerstoff verbraucht ist, schalten die Bakterien auf Milchsäuregärung um. Die produzierte Milchsäure macht das Grünfutter als Silage haltbar.

3 Die Vielfalt der Zellen

3.1 Pflanzen- und Tierzellen

Aufbau von pflanzlichen und tierischen Zellen	Abb. 1, 2
Vergleich von tierischen und pflanzlichen Zellen	**1** Abb. 1, 2
Zuordnung von Pflanzen- und Tierzellen an verschiedenen Beispielen	**2** Abb. 3a,b,c
Verhältnis von Oberfläche und Volumen bei Zellen	**3** Abb. 4

1

Gemeinsamkeiten:	**Unterschiede:**
Zellmembran, Zellkern, Cytoplasma	Pflanzenzelle hat Zellwand, Chloroplasten, große Vakuole

2

a)

Bild a:	Bild b:	Bild c:
1. Zellwand	1. Zellwand	1. Zellmembran
2. Chloroplast	2. Zellkern	2. Cytoplasma
3. Zellkern	3. Cytoplasma	3. Zellkern
4. Zellmembran		
5. Cytoplasma		

b) Aufgrund des Vorhandenseins einer Zellwand in Bild a und b handelt es sich bei diesen Zellen um Pflanzenzellen. In Bild c fehlt die Zellwand. Außerdem sind in diesem Bild keine Chloroplasten zu erkennen. Deshalb handelt es sich um Tierzellen.

3

a)

	(a)	**(b)**	**(c)**
Gesamtoberfläche [cm^2]	6	150	750
Gesamtvolumen [cm^3]	1	125	125
Verhältnis	6	1,2	6

b) Jede Zelle muss mit verschiedenen Stoffen versorgt werden. Das Verhältnis zwischen Oberfläche und Volumen wird größer, je kleiner die Kantenlänge des Quaders ist. Bei dem kleinen Quader beträgt das Verhältnis zwischen Volumen und Oberfläche 6. Bei einer fünffachen Kantenlänge ist das Verhältnis viel geringer (1,2).
Unter diesen Umständen reichen zum einen die Geschwindigkeit der Vorgänge zum Stoffaustausch und zum anderen die Stoffmenge nicht aus, um die Zelle am Leben zu erhalten. Das Verhältnis zwischen der Oberfläche der Plasmamembran und dem Volumen des Cytoplasmas ist zu klein. Durch ein großes Verhältnis wird also sichergestellt, dass:
- die Wege zur Verteilung der benötigten Stoffen innerhalb der Zelle kurz sind,
- die Aufnahme von Stoffen durch die große Oberfläche sehr groß und somit auch effektiv ist.

M Mikroskopieren

–

M Experiment und Versuchsprotokoll

1

Das Versuchsergebnis zeigt, dass Paprikafarbstoff fettlöslich ist.
Reagenzglas mit Wasser: Wasser und Farbstoff mischen sich nicht.
Reagenzglas mit Öl: Das Öl färbt sich stark rot. Der Farbstoff löst sich in Öl.
Reagenzglas mit Aceton: Das Aceton färbt sich schwach rot. Der Farbstoff löst sich etwas in Aceton.

3.2 Zellorganellen

Funktion der einzelnen Zellbestandteile	4 1 Abb. 1,2,3,6

Aufbau, Funktion und Vorkommen von Mitochondrien	3 2 Abb. 4

1

1. Mitochondrien:
Hier findet die Zellatmung statt. Bei diesem Prozess wird Glukose abgebaut. Dabei wird chemische Energie für die Zelle bereitgestellt.
2. Zellkern:
Er steuert die lebensnotwendigen Vorgänge in der Zelle und enthält die Erbinformation (DNA).
3. Kernmembran:
Sie umgibt den Zellkern, grenzt ihn nach außen hin ab.
4. Zellmembran:
Über diese Membran läuft fast der gesamte Stoffaustausch zu benachbarten Zellen ab. Sie wirkt für manche Stoffe wie eine Barriere.
5. Cytoplasmaverbindungen zu anderen Zellen:
Stoffaustausch mit anderen Zellen
6. Zellwand:
Sie gibt der Pflanzenzelle Festigkeit.
7. Chloroplast:
Hier findet die Fotosynthese statt. Dabei werden energiereiche Stoffe für die Pflanzenzelle hergestellt.
8. Vakuole:
Die Vakuole ist für den Wasserhaushalt und die Stoffspeicherung in der Zelle zuständig.
9. Cytoplasma:
Ort vieler Stoffwechselvorgänge

2

a) Man kann erkennen, dass der Umfang der inneren Membran aufgrund vieler Einfaltungen wesentlich größer ist als der Umfang der äußeren Membran.
b) Das Mitochondrium hat die Aufgabe, chemische Energie für die Zelle bereitzustellen. Da die Oberfläche der inneren Membran sehr groß ist, ist zu vermuten, dass hier die Prozesse zur Energiebereitstellung ablaufen und eine große Oberfläche der inneren Membran so die Effektivität der Zellatmung erhöht und trotz der geringen Größe des Mitochondriums viel Energie gewonnen werden kann. Wäre die Oberfläche der inneren Membran nicht so groß, würde ein Mitochondrium weniger effektiv arbeiten.

3

Der prozentuale Anteil der Mitochondrien am Zellvolumen sagt etwas darüber aus, wie hoch der Energiebedarf der jeweiligen Zellen ist.
Der Herzmuskel kontrahiert ständig und arbeitet ein Leben lang. Der Energiebedarf ist entsprechend hoch und schlägt sich im hohen Mitochondrienanteil nieder.
Die Leber als größte Drüse des menschlichen Körpers ist an sehr vielen Stoffwechselprozessen beteiligt, die ebenfalls viel Energie kosten. Auch hier ist der Prozentsatz an Mitochondrien noch recht hoch.
Bei weißen Blutkörperchen ist der Anteil der Mitochondrien am Zellvolumen so gering, da der Energiebedarf dieser Zellen klein ist.

4

1. Zelle: Ribosomen (Herstellung von Proteinen); Fabrik: Produktionsstätte (Fertigung des Produkts)
2. Zelle: Mitochondrien (Zellatmung zur Energiebereitstellung); Fabrik: Kraftwerk (Energiegewinnung für die Fabrik)

3. Zelle: Endoplasmatisches Retikulum (Membransystem: Aufbau, Speicherung und Austausch von Stoffen); Fabrik: Werksstraßen (Austausch von Material zwischen verschiedenen Teilen der Fabrik)
4. Zelle: Zellkern (zentrale Steuerungseinheit, enthält Erbinformation); Fabrik: Firmenzentrale (Verwaltung und Steuerung der Fabrik)
5. Zelle: Zellmembran (Begrenzung der Zelle); Fabrik: Grenze des Fabrikgrundstücks (Abgrenzung des Fabrikgeländes gegenüber der Umgebung)
6. Zelle: Cytoplasmaverbindung (Verbindung zu benachbarten Zellen); Fabrik: Einfahrtstor (Einfuhr und Ausfuhr von Material für die Fabrik)

3.3 Prokaryoten, Eukaryoten, Endosymbionten

Vom Prokaryot zum Eukaryot,	Abb. 1
Die Entwicklung von Mitochondrien aus aerob lebenden Prokaryoten, die Entstehung von Tierzellen	Abb. 1
Die Entwicklung von Chloroplasten aus Cyanobakterien, die Entstehung pflanzlicher Zellen	2a Abb. 1
Zusammenfassung Endosymbiose und Stoffwechsel	2b
Indizien für die Endosymbiontentheorie	1 3 Abb. 2,3
Endosymbiose als Motor der Evolution	2c

1

a) Beide Pantoffeltierchen haben die gleiche ovale Form und sind mit dichten Wimpern besetzt. Beim Pantoffeltierchen links (a) sind innere Strukturen zu erkennen (Nahrungsbläschen, pulsierende Vakuole etc.), beim Pantoffeltierchen rechts (b) ist der ganze Körper mit unverdauten Algen gefüllt, die in kleinen, kugelförmigen Nahrungsbläschen eingeschlossen sind, wodurch das Pantoffeltierchen grün erscheint und keine weiteren inneren Strukturen sichtbar sind.

b) Eine Symbiose besteht, wenn beide Partner vom Zusammenleben profitieren. Hier profitieren die Algen, da sie durch den Einschluss im Pantoffeltierchen geschützt sind und vom Pantoffeltierchen Stoffwechselendprodukte wie Kohlenstoffdioxid erhalten. Das Pantoffeltierchen profitiert, weil die Algen Fotosynthese betreiben und so mithilfe von Sonnenlicht Zucker aufbauen, den das Pantoffeltierchen als Nährstoff nutzen kann. Man kann daher von (Endo-)Symbiose sprechen.

c) Das dargestellte Phänomen kann dahingehend als Hinweis auf die Richtigkeit der Endosymbiontentheorie dienen, als dass hier die Entstehung einer Endosymbiose durch Aufnahme kleinerer Zellen in eine große Zelle stattfindet, wodurch die eine Zelle (Pantoffeltierchen) von der Fotosyntheseleistung der anderen (Alge) profitiert. Ein wichtiger Unterschied zu den in der Endosymbiontherorie beschriebenen Vorgängen besteht aber darin, dass Algen selbst Eukaryoten sind.

2

a) 1: Aus einem urtümlichen Prokaryot entwickelt sich ein urtümlicher Eukaryot, der einen Zellkern besitzt (und Energie durch Gärung gewinnt).
2: Der urtümliche Eukaryot nimmt einen aerob lebenden Prokaryoten auf, der im Inneren weiterlebt und Zellatmung betreibt, von der der Eukaryot profitiert.
3: Aus dieser Endosymbiose entwickelt sich die tierische Zelle, wobei aus dem aufgenommenen Prokaryoten ein Mitochondrium geworden ist. Die Zelle lebt aerob durch Zellatmung.
4: Durch zusätzliche Aufnahme von Cyanobakterien durch den urtümlichen Eukaryoten entsteht eine Endosymbiose, in der die Wirtszelle von der Fotosynthese des Cyanobakteriums profitiert.
5: Aus dieser Endosymbiose entwickelt sich die pflanzliche Zelle, in der aus dem aufgenommenen aerob lebenden Prokaryoten ein Mitochondrium und aus dem aufgenom-

menen Cyanobakterium ein Cloroplast geworden ist. Die Zelle gewinnt Energie durch Zellatmung und kann Fotosynthese betreiben.

b) Der urtümliche Prokaryot gewinnt Energie aus der Gärung (anaerober Stoffwechsel). In der Endosymbiose mit einem aeroben Prokaryoten versorgt dieser den Wirt mit zusätzlicher Energie durch Zellatmung. Die tierische Zelle lebt selbst aerob durch Zellatmung, die in den Mitochondrien stattfindet. In der Endosymbiose zwischen urtümlichem Eukaryoten und Cyanobakterium stellt das Cyanobakterium dem Wirt zusätzliche Nährstoffe zur Verfügung, die es in der Fotosynthese aufbaut. Die Pflanzenzelle gewinnt Energie durch Zellatmung in den Mitochondrien und sie kann Fotosynthese betreiben, wobei sie mithilfe von Lichtenergie aus Kohlenstoffdioxid und Wasser energiereiche Glukose aufbaut und Sauerstoff produziert.

c) In dem Titel wird die Bedeutung der Endosymbiose für die Entstehung heutiger Eukaryoten (nach der Endosymbiontentheorie) betont. Die Entstehung der Eukaryoten ist für die Evolution so wichtig, da dies Zellen sind, die groß sind und einen effizienten Stoffwechsel haben (Zellatmung), sowie im Fall von Pflanzenzellen Fotosynthese betreiben. Diese Art der Zellen war Voraussetzung für die Bildung von Vielzellern und komplexeren Organismen (Prokyroten leben nur als Einzelzellen).

3

Die beschriebene Tatsache kann als Indiz für die Richtigkeit der Endosymbiontentheorie dienen, da der Aufbau von Chloroplasten und Mitochondrien mit zwei Membranen gut durch diese erklärbar ist: Die innere Membran entspricht der ursprünglichen Zellmembran des Prokaryoten; sie ist auch ähnlich zusammengesetzt, wie die Membran einiger heute lebender Bakterien. Die äußere Membran entspricht der Zellmembran des urtümlichen Eukaryoten, die sich bei der Aufnahme des Prokaryoten durch Einstülpung um diesen legt und ihn in ein Bläschen einschließt.

3.4 Zellteilung

Abläufe innerhalb des Zellzyklus und Zuordnung einzelner Mitosephasen	**1** **2** Abb. 1,2
DNA-Gehalt und Dauer des Zellzyklus	**3** **5** Abb. 3,4
Die Interphase ist keine Ruhephase	**4**
Zuordnung der Inhalte zu den Erschließungsfeldern	**6**

1

a: Die Zelle befindet sich in der frühen Interphase. Die Kernmembran ist vollständig vorhanden und die Erbinformation liegt in langen, fädigen Einzelchromosomen vor.

b: Die Zelle befindet sich in der späten Interphase. Die Erbinformation liegt nun in Doppelchromosomen vor, die sich schon stark aber noch nicht vollständig verkürzt haben. (Die Kernmembran beginnt sich aufzulösen.)

c: In der frühen Mitosephase hat sich die Kernmembran vollständig aufgelöst, die Doppelchromosomen sind sehr stark verkürzt, haften noch zusammen und haben sich in der Mitte der Zelle angeordnet. Fasern haben sich an der Stelle, an der die Doppelchromosomen zusammenhalten, angeheftet. Jedes Einzelchromosom eines Doppelchromosoms befindet sich auf einer Seite dieser Ebene.

d: In der späten Mitosephase liegt die Erbinformation wieder in Einzelchromosomen vor. Diese Einzelchromosomen sind zu diesem Zeitpunkt noch sehr stark verkürzt. Es bilden sich zwei neue Zellkerne, die Kernmembranen bilden sich. Die Erbinformation ist auf beide Zellkerne gleichmäßig verteilt worden.

2

Zelle:	Abbildung
a	Interphase
b	späte Interphase
c	Interphase
d	späte Mitose

e	frühe/zentrale Mitose
f	Interphase
g	späte Interphase
h	Interphase
i	zentrale Mitose
j	späte Interphase/frühe Mitose
k	Interphase
l	sehr späte Mitose

3

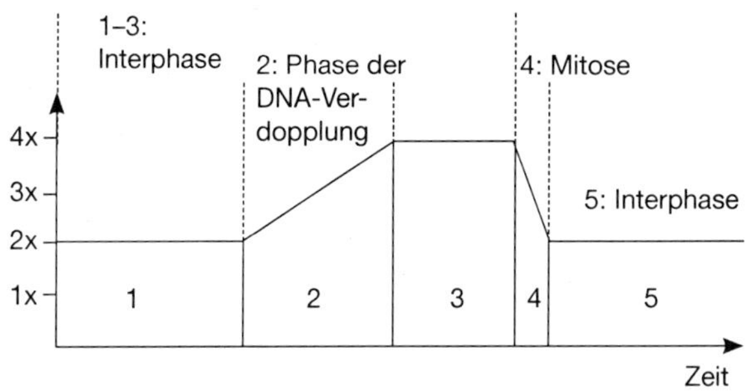

Erklärung:
Direkt nach einer Zellteilung bzw. Kernteilung in der frühen Interphase liegt die Erbinformation in Einzelchromosomen vor. Der DNA-Gehalt ist dennoch zweifach, da jedes Chromosom doppelt im Zellkern vorliegt. Innerhalb der Interphase erfolgt die Verdopplung der DNA, entsprechend ist der DNA-Gehalt am Ende der Verdopplung vierfach. Der DNA-Gehalt bleibt bis zur Aufteilung der Chromosomen auf die neu entstehenden Zellen in der Mitose auf diesem Niveau. Bei der Aufteilung der Chromosomen in der Mitose fällt der DNA-Gehalt wieder auf das zweifache Niveau. Bis zur nächsten Phase der Verdopplung bleibt der DNA-Gehalt konstant.

4

Unter dem Lichtmikroskop kann man während der Interphase kaum Veränderungen bei der Zelle erkennen. Deshalb nannte man die Interphase auch Ruhephase. Die Vorgänge, die im Zellkern ablaufen, vor allem die Verdopplung der Erbinformation, blieben also unbeachtet. Dabei ist dieser Vorgang für die Teilung der Zelle von größter Bedeutung. Die Mitose stellt lediglich noch den Vorgang der Verteilung der in der Interphase verdoppelten Chromosomen dar. Daher ist der Begriff Ruhephase für die Interphase schlecht gewählt und mittlerweile auch veraltet.

5

Gemeinsamkeiten: Die Dauer der Verdopplung der DNA und die Dauer der Mitose sind bei allen Zelltypen gleich lang (Verdopplungsdauer: 8 Stunden, Mitose: 0,7 Stunden).
Unterschiede: Die Dauer der Interphase bis zur Verdopplung der DNA ist je nach Zelltyp unterschiedlich lang (zwischen 2 Stunden im blutbildenden Knochenmark und 9990 Stunden in der Leber).

6

1. *Struktur und Funktion:* Die Erbinformationen befinden sich im Zellkern in Form von Einfach- bzw. Doppelchromosomen. Durch ihren Aufbau liegen sie mal in langer, fädiger Form, mal in aufgeschraubter und verkürzter Form vor. Da die Chromosomen diese Fähigkeit besitzen, kann die Mitose in ihrer Form ablaufen.
2. *Fortpflanzung und Entwicklung:* Die Chromosomen liegen im Zellkern doppelt vor. Ein Chromosom stammt von der Mutter, eines vom Vater. Durch die geschlechtliche Fortpflanzung werden die Erbinformationen an die nächste Generation weitergegeben.
3. *Regulation:* Der Zellzyklus ist ein strukturierter und geregelter Vorgang, der einem ganz bestimmten Muster (Interphase, Phase der Verdopplung der DNA, Mitose) folgt. Anders als die Interphase, sind die beiden Phasen Verdopplung der DNA und Mitose auch gleich lang. Die Mitose selbst folgt ebenfalls einem ganz bestimmten Muster und läuft in der verschiedensten Zellen eines Organismus auf die gleiche Art und Weise ab.

3.5 Zelldifferenzierung

Gemeinsamkeiten und Unterschiede in Bezug auf Bau und Funktion spezialisierter Zellen	**1** Abb. 1

Die Hierachie von der Zelle bis zum Organismus	**2** Abb. 2

Ein Organsystem als offenes System	**3** Abb. 3

1

	Gemeinsamkeiten	Unterschiede
Aufbau	– Alle spezialisierten Zellen besitzen, abgesehen von den roten Blutzellen, einen Zellkern, die Zellmembran und das Zellplasma.	– Bei den roten Blutzellen findet man keinen Zellkern. – Die äußere Form der verschieden spezialisierten Zellen ist sehr unterschiedlich.
Funktion	– Alle Zellen haben eine spezielle Aufgabe bzw. Funktion.	– Die Aufgaben sind sehr verschieden: Sie reichen von Informationsweiterleitung bei Nervenzellen bzw. Aufnahme von Reizen bei Sinneszellen über Kontraktion bei Muskelzellen und Transport von Sauerstoff bei den roten Blutzellen bis hin zur Fortpflanzung und der Abwehr von Fremdkörpern und Krankheitserregern bei Geschlechtszellen bzw. weißen Blutzellen.

2

Zelle ⊠ Gewebe ⊠ Organ ⊠ Organsystem ⊠ Organismus
Sinneszelle ⊠ Netzhaut ⊠ Auge ⊠ Nervensystem ⊠ Mensch
Muskelzelle ⊠ Muskel ⊠ Skelettmuskel ⊠ Bewegungssystem ⊠ Mensch
Weiße Blutzelle ⊠ Blut ⊠ Immunsystem ⊠ Mensch

3

a) Ein Organsystem ist ein offenes System. Es ist nicht nur in der Lage, Energie mit der Umgebung auszutauschen (siehe: geschlossenes System), sondern auch Stoffe mit der Umgebung auszutauschen. So kann das Verdauungssystem Nährstoffe und andere, für den Körper wichtige Stoffe über die Nahrung aufnehmen, und scheidet unverdauliche Reste und andere Stoffwechselprodukte wieder aus.

b) Ein Organsystem besteht aus mehreren Teilen (Organen), die sich zu einem Ganzen (Organsystem) zusammensetzen. Zwischen diesen Teilen, den Organen, bestehen Zusammenhänge. Der übergeordnete Zusammenhang beim Verdauungssystem besteht beispielsweise in der Funktion der Aufnahme, Verdauung und Ausscheidung von Nahrung. (Übertragung auf den Begriff „Offenes System“ ist schon in Aufgabe a geschehen.)

3.6 Vom Einzeller zum Vielzeller

Vom Einzeller zur einfachen Kolonie	1 Abb. 1,2,4,6,7

Differenzierung und Spezialisierung von Zellen in Kolonien, von der Kolonie zum Vielzeller	Abb. 1,2,4,7

Gewebe und Organe	2 Abb. 3,5,8,9

1

- Gonium (Abb. 6) bildet eine kleine Kolonie, in der alle Zellen gleich aufgebaut sind und unabhängig von den anderen als Einzelzelle leben und sich teilen können.
- Eudorina (Abb. 4) bildet Kolonien, in denen nicht alle Zellen identisch sind, aber alle Zellen durch Teilung neue Kolonien bilden können.
- Volvox (Abb. 7) besteht aus sehr vielen Zellen, die zusammen koordinierte Bewegungen ausführen. Die Zellen haben verschiedene Aufgaben, nur wenige Zellen können sich teilen und bilden Tochterkolonien, die anderen sterben ab. Volvox ist ein einfacher Vielzeller.
- Der Süßwasserpolyp (Abb. 8) hat verschiedene Zellschichten mit unterschiedlich spezialisierten Zellen (Sinneszellen, Nesselzellen, Verdauungszellen u.s.w.). Durch diese Differenzierung kann Nahrung betäubt, aufgenommen und verdaut werden und der Organismus als Ganzes leben. Spezialisierte Zellen dienen der geschlechtlichen Vermehrung, aber auch ungeschlechtliche Vermehrung durch Knospung ist möglich.
- Der Hund (Abb. 5) ist ein hoch entwickelter Vielzeller mit spezialisierten Zellen, die Gewebe bilden. Mehrere Gewebe bilden Organe und die Gesamtheit der Organe mit ihren verschiedenen Aufgaben bildet den Organismus. Der Hund kann sich nur geschlechtlich vermehren.

Mit zunehmender Komplexität des Vielzellers steigt die Differenzierung und Spezialisierung der Zellen für unterschiedliche Aufgaben. Die Zellen sind nicht mehr unabhängig voneinander lebensfähig. Die Arbeitsteilung durch spezialisierte Zellen ermöglicht eine zunehmende Größe und Leistungsfähigkeit des Organismus.

2

- Verdauungsorgan (grün) zur Verdauung aufgenommener Nahrung und damit zum Nutzbarmachen der enthaltenen Nährstoffe; Abgabe der Nährstoffe in das Blut (Herz-Kreislaufsystem)
- Herz-Kreislaufsystem (rot) zum Transport von Stoffen (z. B. Sauerstoff und Nährstoffe) im Körper; Versorgung verschiedener Gewebe und Organe (Pfeile)
- Atmungsorgan/Lunge (blau) zur Aufnahme von Sauerstoff in das Blut und Abgabe von Kohlenstoffdioxid aus dem Blut
- Ausscheidungsorgan (braun) zum Ausscheiden schädlicher Stoffe; Aufnahme dieser Stoffe aus dem Blutkreislauf

3.7 Vielfalt durch sexuelle Fortpflanzung

Ungeschlechtliche (asexuelle) Fortpflanzung	1

Geschlechtliche (sexuelle) Fortpflanzung	1 2 Abb. 3

Konjugation	3 Abb. 2

Sexuelle Fortpflanzung und genetische Vielfalt	(2 3) Abb. 1(2,3)

1

Bei ungeschlechtlicher (asexueller) Fortpflanzung entwickeln sich vom Elter abgelöste Teile zu einem neuen Organismus, Mutter- und Tochterorganismus sind genetisch identisch (Beispiel: Einfache Zweiteilung bei Einzellern).
Bei geschlechtlicher (sexueller) Fortpflanzung entsteht ein neuer Organismus durch die Verschmelzung zweier Geschlechtszellen der beiden Eltern, wodurch die Erbinformation vermischt wird und der Tochterorganismus so eine einzigartige Kombination der genetischen Information erhält und individuelle Merkmale ausbildet.

2

Bei der geschlechtlichen Fortpflanzung bildet sich nach der Befruchtung zweier Geschlechtszellen eine feste Hülle, die vor schädlichen Umwelteinflüssen schützt. Dies hat den Vorteil, dass so schlechte Umweltbedingungen (z. B. Trockenheit) überdauert werden können. Erst wenn sich die Umwelteinflüsse bessern, beginnt sich die befruchtete Zelle zu teilen, die Hülle bricht auf und neue Nachkommen gelangen nach außen. Ein weiterer Vorteil liegt in der Neukombination der genetischen Information bei geschlechtlicher Fortpflanzung, da die entstehenden Nachkommen evtl. besser an die veränderten Umweltbedingungen angepasst sind und ihre Überlebenschancen steigen.
Der Vorteil der ungeschlechtlichen Fortpflanzung bei Chlamydomonas liegt darin, dass diese sehr schnell abläuft, kein Geschlechtpartner notwendig ist und sich Chlamydomonas dadurch sehr schnell vermehren kann.

3

Unter Konjugation versteht man einen einfachen Austausch von Erbinformation zwischen Individuen, der nicht der Fortpflanzung dient, sondern nur der Neukombination von Erbanlagen in bereits bestehenden Organismen. Konjugation kommt z. B. bei Bakterien und bei Grünalgen vor.
Der Vorteil der Konjugation ist, dass bereits lebende Organismen ihre Erbanlagen leicht verändern können und dann Merkmale ausprägen, die in der aktuellen Lebenssituation evtl. von Vorteil sind. Gleichzeitig findet aber trotzdem ungeschlechtliche Fortpflanzung statt, die eine sehr schnelle Vermehrung ermöglicht und durch die sich die Population schnell vergrößert.

3.8 Vom Wasser zum Land

Erdzeitalter des Devons	**3** Abb. 1
Cheirolepis – Lungenfisch Anpassung an verschiedene Lebensräume	**1** Abb. 1,2
Ichthyostega – Urvater der Amphibien	**2** **4** Abb. 3,4

1

	Cheirolepis	Lungenfisch	Ichthyostega
Lebensraum	Freies Wasser	flacher Uferbereich Übergangszone zwischen Wasser und Land	Wasser und Land
Atmung	Kiemen	Kiemen und Lungen	Lungen

Gliedmaßen	Flossen	Flossen in der Form von Stummelbeinen mit kräftigen Muskeln	Beine sowie ein Flossenschwanz
Fortbewegung	Schwimmen und schweben im Wasser	Schwimmen und schwerfällige Fortbewegung an Land	Laufen und schwerfälliges Schwimmen

2

	Ichthyostega	**Salamander**
Schultergürtel	lang, schmal und kantig	kurz, kräftig, abgerundet
Oberarmknochen	kantig, breit	an den Enden abgerundet, in der Mitte am schmalsten, glatt
Speiche	kurz, breit	länglich, an den Enden abgerundet und verdickt
Elle	kurz und kantig	länglich, an den Enden abgerundet und verdickt
Handknochen	verwachsen	nicht verwachsen

3

In der Uratmosphäre befand sich viel Kohlenstoffdioxid, das die Pflanzen nutzen konnten. Die Pflanzen wiederum setzten Sauerstoff frei, den die Tiere zum Leben nutzen konnten. Außerdem dienten die Pflanzen als Nahrung für Pflanzenfresser und diese waren die Nahrungsgrundlage der Fleischfresser.

4

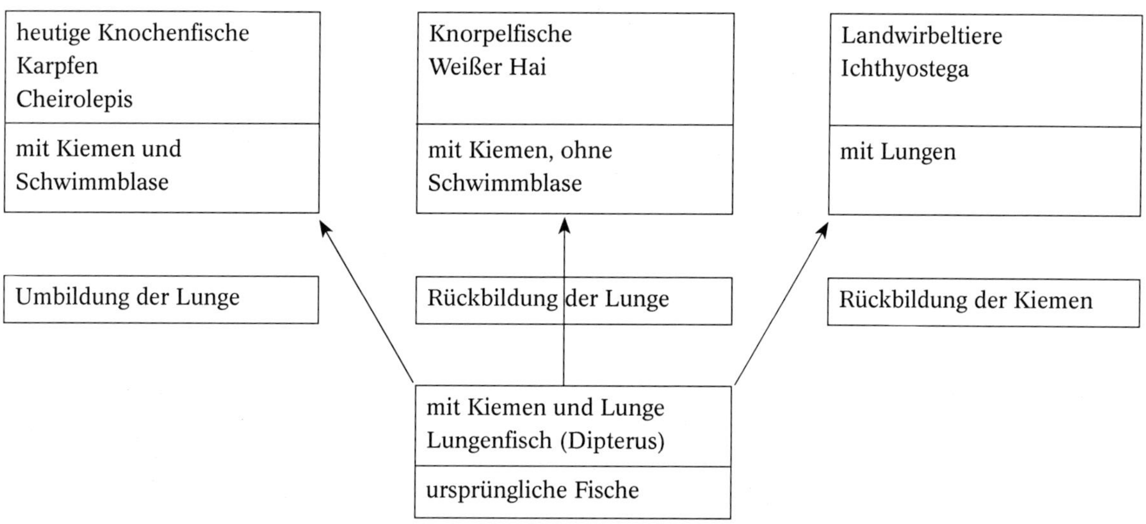

M Informationen mit Hilfe des Internets erhalten

–

4 Wirbellose Tiere

4.1 Stämme der Wirbellosen

–

M Ein Referat erstellen

–

M Ein Lernplakat erstellen

–

4.2 Der Regenwurm – ein Ringelwurm

Der Regenwurm gehört zur Gruppe der Ringelwürmer	1 Abb. 1,3
Fortbewegung des Regenwurms	5 Abb. 2
Innerer Bau des Regenwurms	3 5 Abb. 1,2,6
Wahrnehmung des Regenwurms	6
Fortpflanzung des Regenwurms	6 Abb. 1
Lebensweise und Bedeutung	3 4 Abb. 4

1

	Organ	Aufgabe
1	Kutikula	Deckschicht mit Schleimdrüsen, schützt vor Austrocknung
2	Ringmuskulatur	Fortbewegung (Kontraktion bewirkt Streckung des Wurms)
3	Längsmuskulatur	Fortbewegung (Kontraktion bewirkt Zusammenziehen des Wurms)
4	Darm	Verdauung
5	Ringgefäße	pumpen Blut durch den Körper
6	Ausscheidungsorgane	Ausscheidung von Abfallstoffen
7	Borsten	Verankerung im Boden, verhindern Zurückrutschen beim Zusammenziehen

	Organ	Aufgabe
8	Nervensystem	Reizweiterleitung, Reaktion auf Temperatur, Licht, Berührung
9	Bauchgefäß	Bluttransport, Verteilung von Nährstoffen
10	Leibeshöhle	beinhaltet alle Organe

2

Nur der vordere Teil des Regenwurms hat einen Mund, mit dem Nahrung aufgenommen werden kann, Ringgefäße, die Blut wie ein Herz durch den Körper pumpen und das Oberschlundganglion, das wie ein Gehirn Reaktionen des Körpers steuert.
Ohne diese wichtigen Organe kann der hintere Teil allein nicht überleben.
Prinzipiell sind alle Segmente sehr ähnlich aufgebaut, die hinteren beinhalten keine überlebenswichtigen Organe, die in den vorderen Segmenten nicht auch vorhanden sind.

3

- zu Aristoteles: Regenwürmer erinnern in ihrer Gestalt an menschliche Därme, sie „verdauen" organisches Material und der Kot wird in kleinen Häufchen auf der Erde abgelegt.
- zu Kleopatra: Regenwürmer sind nützliche Tiere, die den Boden mit Nährstoffen anreichern und belüften. Ein Ausfuhrverbot von Regenwürmern erscheint aus unserer Sicht erstaunlich, da fast überall auf der Welt Regenwurm-Arten vorkommen und sie bei uns nicht in ihrem Bestand gefährdet sind.
- zum 17. Jahrhundert: Regenwürmer sind, wenn man sie sieht, fast immer in Bewegung. Der Name ‚Regenwurm' hat also nichts damit zu tun, dass die Würmer bei Regen an die Oberfläche kommen.
- zu Gilbert White: Regenwürmer lockern durch ihre Gänge den Boden auf, durchlüften ihn und verhindern das Verhärten. Auch verdauen sie organische Stoffe, z. B. altes Laub und setzen die darin enthaltenen Nährsalze frei, sodass Pflanzen sie nutzen und gut wachsen können.
- Zum 18. Jahrhundert: Regenwürmer erschienen den Menschen unheimlich, da man Würmer mit Totem verband. Würmer fressen keine lebenden Pflanzenwurzeln, sondern nur totes organisches Material. Sie sind im Gegenteil für das Pflanzenwachstum nützlich, da sie dem Boden Mineralsalze zuführen.

4

Frühling: Der Regenwurm kommt aus tiefen Erdschichten, in denen er überwintert hat, wieder an die Oberfläche (0–1 m Tiefe).
Sommer und Herbst: Der Regenwurm ernährt sich von organischen Stoffen im Boden und auf der Bodenoberfläche. Der Kot enthält viele Mineralsalze, die das Pflanzenwachstum fördern. Gleichzeitig lockert der Regenwurm die Erde durch seine Röhren auf und belüftet ihn.
Winter: Im Winter zieht sich der Regenwurm in tiefere, nicht so kalte Bodenschichten zurück (ca. 1,25 m), wo er sich zusammenrollt und überwintert.

5

Abwechselnd ziehen sich Teile der Längsmuskulatur und der Ringmuskulatur zusammen. Beim Zusammenziehen der Längsmuskulatur verkürzt sich der Wurm und da Borsten das Zurückrutschen verhindern, wird das Hinterende vorgezogen. Danach zieht sich die Ringmuskulatur zusammen, wodurch der Wurm wieder dünn wird und sich nach vorne streckt, während die Borsten das Zurückrutschen verhindern. Diese aufeinander folgenden Verdickungen und Streckungen laufen wie Wellen an mehreren Stellen gleichzeitig über den Körper des Wurmes (Peristaltik).

6

„Das Kreislaufsystem ist gut entwickelt. Würmer atmen mit ihrer Haut, während sie keine spezialisierten Atmungsorgane besitzen. Die beiden Geschlechter sind in einem Individuum vereinigt, aber zwei Individuen paaren sich miteinander. Das Nervensystem ist ziemlich gut entwickelt; und die zwei Zerebralganglien sind nahe dem vorderen Ende des Körpers gelegen.
Würmer haben keine Augen und zuerst dachte ich, sie seien völlig unempfindlich für Licht; die in Gefangenschaft gehaltenen wurden wiederholt mit Hilfe einer Kerze beobachtet und andere draußen mit Hilfe einer Leuchte, trotzdem waren sie selten beunruhigt, obwohl sie extrem ängstliche Tiere sind. Andere Personen fanden keine Schwierigkeiten darin, Würmer bei Nacht mit denselben Mitteln zu beobachten …"

Die meisten Aussagen Darwins treffen gut das heutige Wissen zum Bau des Regenwurms, das auf der Grundwissenseite beschrieben ist. Allerdings war man sich damals nicht sicher, ob die Würmer sensibel für Licht sind, da sie keine richtigen Augen haben. Heute weiß man, dass Regenwürmer Licht wahrnehmen und darauf reagieren können

4.3 Die Weinbergschnecke – ein Weichtier

Bau der Weinbergschnecke	Abb. 1
Fortbewegung der Weinbergschnecke	1 Abb. 3,4
Fortpflanzung der Weinbergschnecke	4 Abb. 2
Angepasstheit an das Klima	2 Abb. 5
Die Gruppe der Weichtiere	3 Abb. 1,6-9

1

Die Schnecke löst an ihrem Hinterende einen kleinen Teil ihres Fußes vom Boden und setzt ihn ein Stückchen weiter nach vorne, sodass eine kleine Falte entsteht (wie in Abb. 4, mittlere Darstellung). Dann wird von hinten nach vorne die Fußplatte wieder auf den Boden aufgesetzt, sodass sich die gebildete Falte wellenartig nach vorne bis zum Kopf der Schnecke verlagert, wodurch sich die Schnecke nach vorne bewegt. Gleichzeitig laufen mehrere dieser wellenartigen Verschiebungen über den Fuß der Schnecke und die sich bildenden Falten sind von unten als dunkle Linien zu erkennen.

2

Die Schnecke muss sich im heißen, trockenen Sommer vor dem Austrocknen schützen. Besonders viel Feuchtigkeit verliert sie über den Fuß, der dauernd Schleim absondert. Durch das Zurückziehen in das Gehäuse, das mit einem Kalkdeckel verschlossen werden kann, sind die empfindlichen Teile der Schnecke gut vor der Hitze und der austrocknenden Luft geschützt.

3

Körperteil	(Land-) Schnecke	Muschel	Kopffüßer
Schale	Gehäuse: typische Schneckenhausform, kann durch Kalkdeckel verschlossen werden	Schale: zwei Schalenklappen, die zusammenklappen können	keine äußere Schale, stattdessen innerlich harte Struktur aus Kalk: Schulp
Atmungsorgan	Atemloch, gut durchblutete Mantelhöhle, wo das Blut Sauerstoff aufnimmt (= Lunge)	Kiemen, in denen das Blut Sauerstoff aus dem Wasser aufnimmt	Kiemen, in denen das Blut Sauerstoff aus dem Wasser aufnimmt

Blutkreislauf	offener Blutkreislauf: Herz saugt Blut aus der Mantelhöhle und pumpt es in die Körperhohlräume, wo es die Organe umspült	offener Blutkreislauf: Herz pumpt sauerstoffreiches Blut aus den Kiemen in die Körperhohlräume, wo es die Organe umspült	Geschlossener Blutkreislauf: Herz pumpt sauerstoffreiches Blut aus den Kiemen in Blutgefäßen durch den Körper, wo Sauerstoff an das Gewebe abgegeben wird, und dann wieder in die Kiemen
Nervensystem	Nervenstränge im Fuß, Antennen mit Augen, Tast- und Geruchsorganen	Nervenstränge, die in den Fuß und durch den Körper ziehen.	am Kopf konzentriertes Nervensystem (verdickt), Augen
Verdauungssystem	Radula zum Zerkleinern der Nahrung, Darm, After mündet in die Mantelhöhle	Mund, Darm, After	Mund, Darm, After, mündet in der Nähe der Kiemen
Ausscheidungsorgan	mündet in Mantelhöhle	mündet in der Nähe der Kiemen	mündet in der Nähe der Kiemen
Fortpflanzungsorgane	Keimdrüsen produzieren Spermien und Eizellen (Zwitter)	Keimdrüsen produzieren Spermien und Eizellen (Zwitter)	Keimdrüsen produzieren Spermien oder Eizellen
Besonderheiten	auffällig große Mitteldarmdrüse		Tintenbeutel, aus dem bei Gefahr Tinte ausgeschüttet wird (Tarnung/Schutz)

4

Schnecken bewegen sich sehr langsam. Treffen sie während ihrer langsamen Fortbewegung auf eine andere Schnecke, ist es von Vorteil, wenn diese immer einen potenziellen Geschlechtspartner darstellt. Dies ist bei Zwittern der Fall. Kopffüßer bewegen sich schnell und können größere Entfernungen zurücklegen, um einen passenden, d.h. andersgeschlechtlichen Partner zur Fortpflanzung zu finden.

4.4 Der Stamm der Gliederfüßer

–

4.5 Äußerer und innerer Bau von Insekten

Äußerer Bau der Wespe	Abb. 1,2
Merkmale der Insekten	1
Innerer Bau der Wespe	Abb. 2-4
Atmung und Blutkreislauf der Insekten	Abb. 5,6
Wärmeregulation	3 Abb. 7

1

	Hund	Wespe
Atmungsorgane	Lunge (Luftröhre, Bronchien)	Tracheen (chitinausgekleidete Röhren, leiten Luft ins Körperinnere)
Verdauungsorgane	Magen, Dünndarm, Dickdarm	Darm, durchzieht schlauchförmig den ganzen Körper
Nervensystem	Gehirn, Rückenmark, Nervenfasern	Gehirn, Bauch-Nervenstrang
Blutkreislauf	geschlossener Blutkreislauf	offener Blutkreislauf
Herz	Herz mit zwei Kammern	schlauchförmiges Herz, offen
Skelett	Innenskelett aus Knochen	Außenskelett aus Chitin
Fortbewegung	vier Beine	sechs Beine, zwei Flügelpaare
Ausscheidung	Niere, Blase, Harnröhre getrennt von Darm, After	Ausscheidungsorgane im Hinterleib, münden gemeinsam mit dem Darm
Geschlechtsorgane	Geschlechtorgane im Hinterleib	Keimdrüsen im Hinterleib

2

a) Die Tracheen beginnen außen seitlich am Körper in den Stigmen. Im Körperinneren verzweigen sie sich baumartig in immer kleiner werdende Röhren und leiten Luft zu allen Organen des Insektenkörpers, die so mit Sauerstoff versorgt werden. Durch die feine Verzweigung der Tracheen muss der Sauerstoff nur noch einen kurzen Weg bis in das Gewebe überwinden und Insekten benötigen daher nicht ihr Blutsystem zum Sauerstofftransport.

b) Die Tracheen beginnen in kleinen Öffnungen im Chitinpanzer, den Stigmen, als große Röhren und verzweigen sich dann in immer kleinere Äste, die dann an den Muskeln und anderen Organen offen enden. Sie sind ringartig verstärkt und ähneln in ihrer Gestalt der Luftröhre und den Bronchien des Menschen. Auch die Luftröhre des Menschen ist ein durch Knorpelringe gefestigter Schlauch, der sich dann in die kleineren Äste der Bronchien verzweigt. In der menschlichen Lunge gelangt so die Luft bis zum Lungengewebe, wo der Sauerstoff der Luft in das Blut aufgenommen und dann im Blutkreislauf im ganzen Körper verteilt wird. Die Tracheen durchziehen im Gegenteil dazu den ganzen Körper und versorgen das Gewebe direkt, es ist kein Transport über das Blut notwendig. Die ringförmigen Verstärkungen der Luftröhre und auch der Tracheen verhindert ein Zusammenfallen durch den beim Atmen entstehenden Unterdruck, bzw. bei Insekten während der Luftbewegung durch das Bewegen des Körpers.

c) Beim Staubsaugen wird ein starker Unterdruck aufgebaut, um den Schmutz einzusaugen. Wäre der Staubsaugerschlauch nicht durch Verstärkungsringe verhärtet, so würden seine Wände durch den Unterdruck zusammengedrückt werden und der Schlauch würde sich verschließen (wie im Modellversuch mit dem Strohhalm).
Die gleiche Funktion haben die Verstärkungsringe der Tracheen und der Luftröhre: Auch hier wirkt ein Un-

terdruck (z. B. wenn beim Einatmen Luft wie bei einem Staubsauger eingesaugt wird) und die Knorpelringe verhindern das Verschließen der Luftröhre bzw. die ringförmige Verstärkung das Verengen der Tracheen. Im Gegensatz zu einem starren Rohr mit gleichförmig dikken Wänden bleibt ein Schlauch mit Verdickungsringen trotz seiner Stabilität gegenüber Druck flexibel und beweglich.

3

Durch das Zittern der Flugmuskulatur erwärmt sich der Körper im Brustbereich. Auch das vom Herz von hinten nach vorne gepumpte kalte Blut wird beim Eintritt in den Brustbereich erwärmt, verteilt diese Wärme und transportiert sie zu den Muskeln im Brustbereich, insbesondere zu der Flugmuskulatur. Beim Zurückfließen in den Hinterleib ist das erwärmte Blut dem kalten Blut im Herzen sehr nahe und nur durch eine dünne Haut getrennt. Daher erwärmt das zurückfließende Blut aus der Brust das kalte Blut des Hinterleibs schon, bevor dieses in den warmen Brustbereich eintritt. Die Wärmeübertragung ist so effektiver. Das Blut verteilt also die Wärme im Insektenkörper, wobei der Brustbereich mit der Flugmuskulatur besonders erwärmt wird und der Hinterleib dagegen relativ kühl bleibt.

4.6 Fortbewegung von Insekten

Bildbetrachtung	Abb. 1-3
Gute Flieger bei den Insekten	
Wiederholung: Flug bei Vögeln, Muskulatur	
Arbeit der Flugmuskulatur bei Insekten	1 Abb. 5
Vergleich der Bewegung der Gliedmaße bei Mensch und Insekt	3 Abb. 7
Beispiele für Insekten, die nicht fliegen	4 Abb. 4,8
Das Gliederbein und seine Variationen	4 Abb. 4,8
Hausaufgabe	2 Abb. 6

1

a) Senkrecht verlaufende Muskeln („Heber") führen zur Abflachung des Körpers, die Rückenplatte drückt die Flügel nach oben. Längs im Körper verlaufende Muskeln („Senker") führen zur Verkürzung des Körpers, was die Rückenplatte nach oben wölbt, wodurch sich die Flügel wieder senken.
b) Da sich ein Muskel nur kontrahieren kann, müssen zwei Muskeln zusammenarbeiten, damit eine Bewegung in zwei Richtungen stattfinden kann. Der Begriff Gegenspieler kommt daher, dass die Muskeln versetzt arbeiten: Wenn sich ein Muskel zusammenzieht, erschlafft der andere und umgekehrt. Man könnte auch argumentieren, dass die beiden Muskeln genau gegensätzliche Effekte bewirken (Heber und Senker).

2

Wenn der Deckel nach unten gedrückt wird, bewegen sich die Köchlöffel nach oben. (Anmerkung: Man braucht bei diesem Versuch etwas Übung, damit die Löffel nicht seitlich herausfallen.)
Vergleichbare Elemente des Modellversuchs mit dem Insekt:
Deckel → Rückenplatte
Topf → Brustpanzer
Hand → Muskeln (hier außerhalb)
Kochlöffel → Flügel

3

	Oberarm des Menschen	Insektenbein
Gemeinsamkeiten	In beiden Fällen wird die Bewegung von zwei Gegenspielern gesteuert.	
	In beiden Fällen befinden sich die Muskeln im körpernahen Abschnitt.	
	Der Beuger ist jeweils an der Innenseite, der Strecker jeweils an der Außenseite fixiert.	
Unterschiede	Muskeln sind über Sehnen am Knochen fixiert; Knochen liegen innerhalb des Körpers.	Fixierung am Chitinpanzer; Chitinpanzer ist ein Außenskelett.

4

Die Teilaufgaben lassen sich gut zusammen beantworten:

Bein	Beobachtungen	Tier	Buchstabe
Fangbein	gegeneinander gerichtete Zacken an Schiene und Fuß	Gottesanbeterin	b
Grabbein	Schenkelring seitlich als Taster; Bein wird steifer; Fuß verkümmert; die übrigen Teile muskulös verdickt	Maulwurfsgrille	c
Sprungbein	einhakbares Gelenk zwischen Schiene und Fuß	Heuschrecke	e
Klammerbein	Fuß und Taster zur Klammer ausgebildet, Schiene muskulös verdickt	Laus	d
Putzbein	Kamm an der Schiene	Biene	a

4.7 Nervensystem und Sinnesleistungen der Insekten

Unterschied zwischen gerastertem und „normalem" Bild — Abb. 4	Unterschiede im Farbspektrum — **3** Abb. 6
Wie müsste ein Auge aussehen, das so ein Bild liefert?	Sinnesorgane als Teil des Nervensystems — Abschnitt 1, Abb. 3
Struktur des Insektenauges — **4** Abb. 1,2	Hausaufgabe — **1** Abb. 4,5
zeitliches Auflösungsvermögen — **2** Abb. 7	

1

a) Das rechte Bild ist nicht so scharf, da es aus größeren Pixeln zusammengesetzt ist. Es ist daher dem Komplexauge zuzurechnen.

b) Das Auflösungsvermögen wird mit dieser Größe angegeben, da die Schärfe eines Bildes davon abhängt, aus wie vielen Punkten eine Struktur dargestellt wird. Eine größere dpi-Zahl bewirkt damit auch ein schärferes Bild. Dies bedeutet für das Insektenauge, dass das Bild umso schärfer wird, je mehr Einzelaugen im Komplexauge zusammengefasst sind und je kleiner die Einzelaugen sind.

c) Zunächst ist festzuhalten, dass sowohl innerhalb der Linsenaugen als auch bei den Komplexaugen große Unterschiede bestehen. Die Werte bei den Linsenaugen sind jedoch im Durchschnitt wesentlich kleiner, d.h. dass die Augen schärfere Bilder liefern.

Linsenaugen:

Die Katze hat schärfere Augen als die Ratte, da sie als Jäger ihre Beute mit dem Sehsinn identifiziert, während die Ratte zur Nahrungssuche auch den Geruchssinn stark einsetzt. Die Katze benötigt nicht so scharfe Augen wie der Wanderfalke, da sie ihre Beute aus wesentlich kleinerer Entfernung aufspürt.

Komplexaugen:

Die Biene benötigt für den Flug ein gutes Sehvermögen. Darüber hinaus ist es für die Nahrungssuche hilfreich, dass sie Blüten sehen kann, bevor sie zu riechen sind. Der Einsiedlerkrebs braucht keine so scharfen Augen, da im trüben Wasser die Sicht ohnehin eingeschränkt ist. Bei der Taufliege als fliegendes Insekt würde man zunächst „gute“ Augen erwarten. Da sie für die Nahrungssuche nach faulendem Obst jedoch vor allem auf einen gut ausgebildeten Geruchssinn angewiesen ist, war der Evolutionsdruck auf die Sehschärfe wohl nicht groß genug.

2

Auch hier sind innerhalb eines Augentyps größere Unterschiede zu erkennen.

Komplexaugen:

Die durchschnittliche zeitliche Auflösung ist bei den Tieren mit Komplexaugen größer. Damit kann die geringere Sehschärfe vermutlich teilweise kompensiert werden. Dabei ist zu erkennen, dass das zeitliche Auflösungsvermögen umso besser ist, je schneller und wendiger ein Insekt fliegt.

Linsenaugen:

Der Frosch überrascht mit seinem geringen zeitlichen Auflösungsvermögen von 8 Hz. Dies mag für eine langsame Bewegung am Waldboden ausreichen. Bei der Jagd im Sprung hat der Frosch aber vermutlich wenig Möglichkeit, nach dem Absprung eine Korrektur durchzuführen. Verglichen mit ihrer ebenso trägen Bewegung an Land zeigt die Schildkröte eine große zeitliche Trennschärfe (zum Vergleich: Farbfilme werden mit 24 Hz abgespielt; die Schildkröte würde also im Farbfilm die Einzelbilder wahrnehmen). Dies ist wohl für die Orientierung unter Wasser erforderlich, wenn die Schildgröße schwimmt.

3

In der Abbildung wird die spektrale Empfindlichkeit von Mensch und Biene mit Balken an einem Spektrum dargestellt. Der Mensch ist in der Lage, Wellenlängen von 400 bis 800 nm wahrzunehmen (rot bis violett). Die Biene sieht kein Rot, kann jedoch dafür UV-Licht (Wellenlänge < 400 nm) wahrnehmen.

4

a) und **b)**

Buchstabe	**Name**	**Funktion**	**Vergleich mit menschlichem Auge**
A	Linse	mechanischer Schutz, Lichtbrechung	Hornhaut
B	Kristallkegel	Bündelung des Lichts	Linse
C	Pigmentzelle	Absorption von Streulicht	Augenhintergrund (z. B. Aderhaut)
D	Lichtsinneszelle	Umwandlung des Lichtreizes in elektrische Impulse	Lichtsinneszellen der Netzhaut
E	Sehnerv	Weiterleitung der elektrischen Impulse an das Gehirn	Sehnerv

4.8 Insekten sind Ernährungsspezialisten

Grundbauplan der Mundwerkzeuge	Abb. 1,2

Spezialisierung der Mundwerkzeuge	1 2 4 Abb. 3,6,7

Veränderung der Mundwerkzeuge in der Individualentwicklung	3 Abb. 4,5

1

	leckend	**stechend**	**tastend**	**beißend**	**saugend**
Unterkiefer	zweigeteilt, seitlich der Unterlippe, gerade	sehr lang und spitz, zweigeteilt	sehr kurz, seitlich abstehend, zweigeteilt	zwei fühlerartig ausgebildete Teile	sehr lang, aufgerollt
Unterlippe	bildet Saugrüssel, hat am Ende ein Löffelchen, das Nahrung aufleckt	sehr lang und spitz, zweigeteilt	breit, bildet Platte, die auf den Untergrund aufgesetzt wird, um ihn nach Nahrung abzutasten	kurz und an den Enden spitz, zerschneidet Nahrung	fühlerartig zu beiden Seiten nach oben stehend
Oberkiefer	Zweigeteilt seitlich der Oberlippe, über dem Unterkiefer	sehr lang und spitz, zweigeteilt	zurückgebildet (nicht zu sehen)	kurz und dick, zweigeteilt, seitlich der Oberlippe	sehr klein, zweigeteilt, seitlich der Oberlippe
Oberlippe	breit, oberhalb der Unterlippe	sehr lang und spitz, zweigeteilt	klein, oberhalb der Unterlippe	groß, zwischen den beiden Teilen des Oberkiefers	sehr klein, über dem Unterkiefer (Saugrüssel)
Tier-Beispiel	Biene	Stechmücke	Fliege	Schabe, Raupe, Ameise	Schmetterling

2

- Leckende Mundwerkzeuge: Nektar
- Stechende Mundwerkzeuge: Blut, Insekten, Pflanzensaft
- Tastende Mundwerkzeuge: Milch, Saft
- Beißende Mundwerkzeuge: Blätter, Blüten, Stängel, Samen, Haut, Wurzeln, Insekten, Holz
- Saugende Mundwerkzeuge: Nektar

3

Die Schmetterlingsraupe ernährt sich von Blättern und anderen Pflanzenteilen. Um diese zerschneiden und zerbeißen zu können besitzt sie beißende Mundwerkzeuge.
Der erwachsene Schmetterling ernährt sich von Nektar, der sich am Boden der Blüte befindet. Er streckt seinen langen, sonst aufgerollten Saugrüssel aus, steckt ihn in die Blüte und saugt den Nektar am Blütenboden auf. Der Schmetterling besitzt saugende Mundwerkzeuge.

4

Die Stubenfliege besitzt tastende Mundwerkzeuge, den Tupfrüssel. Die Unterlippe ist unten stark verbreitert und kann wie eine Platte auf den Untergrund aufgesetzt werden. Damit tastet die Stubenfliege den Untergrund nach Nahrungsresten ab. Zur Zerkleinerung fester Nahrungsteile gibt die Fliege aus Speicheldrüsen Verdauungssekrete ab, die die Nahrung außerhalb des Körpers verflüssigen. Dann kann sie, genauso wie flüssige Nahrung, vom Saugrüssel über die Speiseröhre aufgesaugt werden.

4.9 Metamorphose bei Insekten

Vollkommene und unvollkommenen Metamorphose → Wachstum und Häutung	Abb. 1
Hormonelle Regulation der Häutung	**1** Abb. 1,2
Vertiefung anhand des Schnürungsversuches	**2** Abb. 3
„Chemische Kriegführung" bei Pflanzen am Biespiel des „Papierfaktors"	**3** Abb. 4

1

a) Ecdyson und Juvenilhormon bewirken zusammen eine Häutung. In der Entwicklung gibt es normalerweise fünf Häutungen. Ist die Juvenilhormonmenge bei der vollkommenen Metamorphose dabei sehr gering (4. Häutung), entsteht eine Puppe. Liegt nur Ecdyson vor, entsteht bei beiden Entwicklungstypen die Imago.
b) Wird die Juvenilhormondrüse vor einer Häutung entfernt, liegt bei der anschließenden Häutung nur eine geringe Menge an Juvenilhormon vor. Es entsteht bei Insekten mit vollkommener Metamorphose eine Puppe, aus der bei der nächsten Häutung die Imago hervorgeht.
Wird die Juvenilhormondrüse vor der dritten Häutung entfernt, ist die entstehende Puppe und das daraus schlüpfende Insekt kleiner als normal. Es ist aber größer, als wenn schon vor der zweiten Häutung die Drüse entfernt wird. Die Größe von Puppe und Imago hängt von der Larvengröße vor der Verpuppung ab und diese Larve ist vor der zweiten Häutung kleiner als vor der dritten bzw. vierten Häutung.

2

Bei Mehlkäfern erfolgt die Entwicklung über eine vollkommene Metamorphose. Durch die Einschnürung der Larve ist der Hormontransport im Körper unterbrochen. Ecdyson und Juvenilhormon werden nicht im Hinterleib gebildet. Daher kann es nur im vorderen Abschnitt, in dem die Hormone gebildet werden, zur Verpuppung kommen.
Die Larven befanden sich vor der Abschnürung im Entwicklungsstadium vor der Puppenbildung.

3

a) –
b) Die chemische Substanz der Tannen hat die gleiche Wirkung wie das Juvenilhormon. Da diese Substanz mit der Nahrung aufgenommen wird, bleibt die Hormonwirkung von Juvenilhormon immer erhalten. Es kommt daher nicht zur Verpuppung, sondern immer nur zu einer „normalen Häutung".
c) Die Feuerwanzen sind „Fressfeinde" der Tannen. Bei dem „Papierfaktor" scheint es sich um eine Verteidigungsstrategie der Tannen gegen Feuerwanzen zu handeln. Die Feuerwanzenlarven auf der Tanne werden dadurch nicht geschlechtsreif und können sich nicht vermehren.

4.10 Ein Jahr im Bienenstaat

Was ist ein Staat?
Welche Insekten leben in Staaten?
Ein Bienenleben 1 2 Abb. 1–4
Die Aufgabe der verschiedenen Bienen 3

1

Reinigung — Wachs herstellen — Sammeln von Pollen und Nektar

1 2 3 4 5 6 7 8 9 10 11 12 13 14 15 16 17 18 19 20 21 22 23 24 25 26 27 28

Füttern — Luft fächeln

Honig herstellen

2

a) Die Anzahl der Bienen nimmt von ca. 7.000 im Frühjahr auf ungefähr 40.000 im Sommer zu. Im Spätherbst ist die Zahl wieder auf ca. 11.000 gefallen.

b) Der Bienenstock überwintert mit einer kleinen Zahl von Individuen. Im Frühjahr ist die Entwicklung aufgrund der kalten Temperaturen verlangsamt. Die Waben werden nicht so schnell für neue Eier frei. Außerdem entwickeln sich die Pflanzen noch langsam. Durch die zunehmenden Temperaturen und das größer werdende Nahrungsangebot kann der Stock bis zum Sommer sehr stark anwachsen. Durch Schwärmen und verringertes Nahrungsangebot im Spätsommer nimmt die Dichte wieder ab.

3

Die Arbeiterin ist relativ klein, hat aber bezogen auf ihre Körpergröße relativ große Flügel. Die Drohne hat einen großen Kopf, große Augen und Fühler und ist größer als die Arbeiterin. Die Königin hat vergleichsweise kleine Flügel und einen sehr langen, aber schmalen Körper, der nach hinten spitzer zuläuft als bei der Drohne.

4

Es ist zu erkennen, dass die Temperatur der Brutwaben unabhängig von der Außentemperatur stetig auf knapp 35 °C gehalten wird. Die Temperatur der Vorratswaben schwankt mit der Außentemperatur, ist jedoch durchschnittlich ca. 10 °C größer als die Außentemperatur.

Begründung:

Durch die große Individuenzahl im Stock und die dadurch entstehende Wärme ist es im Bienenstock deutlich wärmer als draußen. Jedoch müssen nur die Brutwaben auf konstanter Temperatur gehalten werden. Die Bienen können sich daher Arbeit sparen, indem die Temperatur der Vorratswaben nicht geregelt wird. Erst wenn die Temperatur im Sommer so stark steigt, dass die Waben schmelzen könnten, wird auch deren Temperatur gesenkt.

4.11 Verständigung bei Bienen

Texteinstieg	1 Abb. 1,2
Erarbeitung der Tänze	2 3 Abb. 3

1

a)
- Bienen können die Information über Futterquellen an die anderen Bienen des Stocks weitergeben.
- Dazu nutzen sie verschiedene Tänze.
- Wenn die Futterquelle weniger als 100 m entfernt ist, verwenden sie einen Rundtanz.
- Ist das Futter weiter weg, wird ein Schwänzeltanz aufgeführt.
- Dabei wird der Winkel zwischen der Richtung zur Futterquelle und der Sonne durch den Winkel dargestellt, den die tanzende Biene von der Senkrechten abweicht.
- Die anderen Bienen folgen dem Tanz und können so die Richtung und auch die Art des Futters wahrnehmen.

b)
„Fliege aus dem Stock direkt auf die Sonne zu. In entsprechender Entfernung findest du die Futterquelle."
„Fliege aus dem Stock in einem Winkel von 40° gegen den Uhrzeigersinn vom Sonnenstand abweichend."

c)
- Bienenstock mit Glasscheiben präparieren
- Markierte Bienen im Stock suchen
- Die nachfolgenden Bienen mit anderer Farbe markieren
- Prüfen, ob diese Bienen bei der Futterquelle auftauchen

2

a) Tanzrichtung ca. 40° im Uhrzeigersinn von der Senkrechten abweichend.
b) siehe Abbildung 3/1
c) siehe Abbildung 3/2

3

Die Geschwindigkeit der Schwänzelläufe nimmt mit großer Entfernung exponentiell ab. Sind es bei 100 m Entfernung noch 40 Läufe pro Minute (10/15 s), so sind es bei 700 m nur noch ca. 21 pro Minute.

4.12 Ameisen leben in Staaten

Aufbau eines Ameisenstaates	
Arbeitsteilung und Kommunikation	2 Abb. 1,3
Das Jahr der Kleinen Roten Waldameise	1 Abb. 1,2

1

Januar + Februar: Kälte → Nahezu alle Tiere sind im tiefen Nestbereich.
März: Königinnen und Arbeiterinnen wandern in die Nestkuppel (Bereich über dem Boden), es werden Eier für Geschlechtstiere gelegt, aus denen z. T. schon Larven schlüpfen. Larven werden zur Erhaltung der richtigen Temperatur gesonnt.
April: Es werden noch Eier für Männchen und Weibchen gelegt, außerdem auch Eier für Arbeiterinnen. Es entstehen die ersten Puppen der Geschlechtstiere und Larven für Arbeiterinnen; z. T. noch Besonnung. Die ersten Männchen schlüpfen. Alle Tiere sind in der Nestkuppel zur Brutpflege oder außerhalb des Nestes (Arbeiterinnen im Außendienst).
Mai: Männchen und Weibchen sind geschlüpft, in der 2. Monatshälfte schwärmen sie (Paarung). Puppen der Arbeiterinnen und Arbeiterinnen sind in der Nestkuppel (Brutpflege). Die Königinnen wandern zurück in den tiefen Nestbereich (in der Nestkuppel ist es evtl. zu warm) und legen bis in den Juli Eier für Arbeiterinnen, aus denen Larven entstehen. Die Puppen befinden sich in der Nestkuppel.

Juni bis Oktober: Arbeiterinnen sind bis in den Oktober im „Außendienst" aktiv. Ab August suchen auch Arbeiterinnen wieder tiefe Nestbereiche auf (abnehmende Temperaturen). Puppen gibt es nur noch Anfang September. November + Dezember: Keine Tiere im Außendienst (keine Nahrung, zu kalt). In der 2. Dezemberhälfte sind keine Tiere mehr in der Nestkuppel (kalte Temperatur).

2

a) Die gesamte Verständigung innerhalb des Ameisenstaates erfolgt über Pheromone und Körpersprache. Da ein Ameisenstaat nur durch Arbeitsteilung funktioniert, ist die Verständigung für das Zusammenwirken unbedingt notwendig. Beispiele: Gemeinsamer Geruch, Verteidigung des Nestes, Nahrungsbeschaffung usw.
b) Larven werden im Staat gefüttert. Die Käfer werden aufgrund der Pheromone von den Ameisen nicht bekämpft, sondern für Larven gehalten und gefüttert.

4.13 Fangstrategien von Spinnen

Kreuzspinne als Lauerjäger	**1** Abb. 1,4
Beutefang der Krabbenspinnen	**1** Abb. 3,4
Springspinnen sind Pirschjäger	**1** Abb. 2,4
Fangstrategien anderer Spinnen	**1** Abb. 4,5
Unterschiedliche Fangstrategien vermeiden Konkurrenz um die Nahrung	**1** Abb. 4
Verdauung der Spinnen	**2** Abb. 6

1

Eine Wolfsspinne, eine Kreuzspinne, eine Haubennetzspinne, eine Baldachinspinne, eine Krabbenspinne und eine Springspinne sind in Abbildung 4 dargestellt.

Welche Spinnen sind in Abb.4?	Wolfsspinne	Kreuzspinne	Haubennetz-spinne	Baldachin-spinne	Krabben-spinne	Spring-spinne
Wo gehen Sie auf Beutejagd?	auf dem Boden	in der Luft	auf dem Boden	in der Luft	in Blüten	auf dem Boden
Wie fangen sie ihre Beute?	Die Wolfsspinne schleicht sich von hinten an die überraschte Beute und überwältigt das Tier im Sprung.	Die Kreuzspinne legt ein vertikales Netz an. Wenn fliegende Insekten gegen das Netz stoßen, berühren sie die Fäden und bleiben an ihnen kleben.	Die Haubennetzspinne baut ein Netz mit stark klebenden Fäden, die auf dem Boden befestigt sind. Berührt ein Tier den Faden, so bleibt es daran hängen und es wird mit dem Faden nach oben ins Netz katapultiert.	Die Baldachinspinne baut ein kuppelförmiges, gewölbtes Netz. Über dem Netz ist ein Fadengewirr gespannt. Wenn ein fliegendes Insekt sich darin verfängt, stürzt es auf das Netz und wird zur Beute.	Die Krabbenspinne streckt ihre langen, vorderen Beinpaare zum Fangen der Beute aus und verharrt so regungslos in ihrem Versteck, z. B. eine. Blüte. Wenn dann eine Biene auf der Blüte landet, wird sie von den kräftigen Vorderbeinen gepackt.	Die Springspinne kann sehr gut sehen. Wenn sie ihre Beute entdeckt hat, schleicht sie sich von hinten langsam an ihr Beutetier heran. Während des Anschleichens heftet sie einen Sicherheits faden am Untergrund fest und springt dann das Insekt zielsicher an.

2

Spinnen	Menschen
kleine Mundöffnung	große Mundöffnung
Spinnen können ihre Nahrung nicht zerkleinern.	Menschen zerkleinern ihre Nahrung mit den Zähnen.
Verdauungssaft wirkt außerhalb des Körpers.	Verdauungssaft wirkt in Magen und Darm.
Nahrungsbrei wird in den Körper gesaugt.	Nahrungsbrei bereits im Inneren des Körpers
Saugmagen	kein Saugmagen

5 Evolution

5.1 Darwin

–

M Eine digitale Präsentation erstellen

–

5.2 Fossilien – Zeugen der Vergangenheit

Es gibt unterschiedliche Fossilien	Abb. 1,2

Vom lebenden Tier zum Fossil	2 3 Abb. 3

Mithilfe von Fossilien erhält man ein Bild vom Leben in der Vergangenheit	1 Abb. 1,2

1

a) Frosch: Abb. 2b; Begründung: Die äußere Gestalt des Fossils entspricht derjenigen des heutigen Frosches; man erkennt die verlängerten Hinterbeine (Sprungbeine), die kurzen Vorderbeine und den breiten, flachen Kopf mit den Augen auf der Oberseite.
Schildkröte: Abb. 2a; Begründung: Der erhalten gebliebene Panzer entspricht dem Panzer einer heutigen Schildkröte, ebenso die sichtbaren Reste des Beinskeletts.
Urpferdchen: Abb. 1; Begründung: Der Schädel des Fossils und das Gebiss sind pferdeähnlich; das Tier hat vier Laufbeine. Im Gegensatz zum heutigen Pferd besitzt das Tier eine Schwanzwirbelsäule.
Affenartiges Säugetier: Abb. 2c; Begründung: Das Fossil hat eine lange Schwanzwirbelsäule, d.h. das Tier hatte einen langen Schwanz. Das Gebiss zeigt kräftige Schneidezähne, mit denen das Tier die Borke der Bäume aufgerissen haben könnte. Das Handskelett hat verlängerte Fingerknochen; mit den langen Fingern suchte das Tier nach Larven unter der Borke.

b) Aussagen über die Nahrung fossiler Tiere lassen sich treffen durch Rückschlüsse aus dem versteinerten Skelett (z. B. Gebiss, Handskelett) oder durch eine genaue Untersuchung des versteinerten Mageninhaltes. Aussagen über das Verhalten fossiler Tiere werden ermöglicht durch Rückschlüsse aus dem Körperbau (z. B. Sprungbeine, Laufbeine) und durch Kenntnis der Nahrung.

2

Modellversuch	**Entstehung von Fossilien**
Gipsbrei unter dem Knochen	Schlamm am Seegrund
Hähnchenknochen	erhalten gebliebenes Skelett
Nachgießen von Gips	Ablagerungen am Seegrund, die das Skelett überdecken
Hartwerden des Gipses	Zusammenpressen der Ablagerungen zu Gestein
freigelegter Hähnchenknochen	Fossil
Trennen des Gipsblocks	Ausgraben des Fossils

3

d: Lebendiges Tier in der Vorzeit
b: Verwesendes Tier am Seegrund
e: Von dünner Schicht Ablagerungen bedecktes Skelett
a: In Gestein eingebettetes, versteinertes Skelett (Fossil)
c: Ausgegrabenes Fossil

5.3 Saurier

Vielfalt der Saurier	Abb. 1

Woher stammt unser Wissen über die Saurier?	2 3 Abb. 3,4

Säuger und Vögel nehmen heute den Platz der Saurier ein	1 Abb. 1,2

1

Leben...	**Vertreter der Saurier**	**Vertreter der Säugetiere**	**Vertreter der Vögel**
an Land als Pflanzenfresser	Brachiosaurus Anatosaurus	Zebra Rind	Strauß Emu
an Land als Fleischfresser	Allosaurus Compsognathus	Löwe Wolf	–
im Wasser	Stenopterygius Peloneustes	Wal Delphin	Pinguin
in der Luft	Pterodactylus	Fledermaus	Amsel (fast alle Vögel)

2

Merkmale, die durch Fossilfunde zu belegen sind:
- Größe
- Knochenbau und Beschaffenheit der Knochen
- Gebiss
- Körperumriss (teilweise)

Merkmale, die der Fantasie der Wissenschaftler entstammen:
- Beschaffenheit und Farbe der Haut
- Körperhaltung (teilweise)

3

Der Schädel zeigt einen langgestreckten Ober- und Unterkiefer. Zwischen den Backenzähnen und den Schneidezähnen klafft eine Lücke. Die Schneidezähne im Unterkiefer sind leicht nach vorne gerichtet; ob im Oberkiefer Schneidezähne vorhanden sind, kann man nicht sehen. Die Backenzähne stehen in mehreren Reihen und sind würfelförmig.
Das Gebiss ähnelt dem Gebiss eines Pferdes oder eines Rindes (Lücke zwischen Schneide- und Backenzähnen, nach vorn gerichtete Schneidezähne, würfelförmige Backenzähne). Es handelt sich also um ein typisches Pflanzenfressergebiss. Daraus kann man schließen, dass Anatosaurus sich von Pflanzen ernährt hat.

5.4 Archaeopteryx – ein Brückentier

Ein bemerkenswertes Fossil	Abb. 1

Vogel oder Reptil?	1 3 Abb. 2,3

Lebensweise des Archaeopteryx	2 Abb. 2,5

1

Merkmal	Zwergdinosaurier	Archaeopteryx	Huhn
Kiefer	mit Zähnen	mit Zähnen	ohne Zähne
Finger	Fuß mit 4 Fingern: 3 nach vorne, 1 nach hinten, alle mit Krallen; Hand mit 2 sichtbaren Fingern, mit Krallen	Fuß mit 4 Fingern: 3 nach vorne, 1 nach hinten, alle mit Krallen Hand mit 3 Fingern, mit Krallen	Fuß mit 4 Fingern: 3 nach vorne, 1 nach hinten, alle mit Krallen; Hand mit 2 sichtbaren Fingern, ohne Krallen
Gabelbein	nicht vorhanden	vorhanden	vorhanden
Brustkorb	Bauchrippen	Bauchrippen	Brustbein
Becken	Echsenbecken	Echsenbecken	Vogelbecken
Schwanzwirbelsäule	lang, mit Querfortsätzen	lang, mit Querfortsätzen	kurz, verwachsen
Federn	keine Federn	Federn an Flügeln und Schwanz	Federn an Flügeln, Kopf und Rumpf

Dinosauriermerkmal Vogelmerkmal

1

a) Archaeopteryx klettert an Baumstämmen hoch, dazu benutzt er sowohl die Krallen der Hände als auch die Krallen der Füße. Zum Insektenfangen stößt er sich vom Baumstamm ab und benutzt seine Flügel zum Gleiten.

b) Theorie der Rekonstruktion in Abb. 2: Das Fliegen entwickelt sich aus Laufen und Hochhüpfen, unterstützt durch die Flügel; Vorstufe des Fliegens ist also ein kurzzeitiges in die Höhe Flattern.

Theorie der Rekonstruktion in Abb. 5: Das Fliegen entwickelt sich aus dem Herabgleiten von höheren Orten; Vorstufe des Fliegens ist also das Gleiten ohne Flügelschlag.

c) Es sind nicht immer alle Knochen in der richtigen Lage vorhanden, manchmal fehlen Knochen oder sind an eine andere Stelle gerutscht. Vergängliche Teile sind nur manchmal als Abdruck zu sehen; Aussagen beispielsweise über Farbe sind nicht durch Fossilien zu belegen. Verhaltensweisen können nur indirekt durch Rückschlüsse aus körperlichen Baumerkmalen oder Fossilien, die über die Umgebung des Tieres Aufschluss geben, erschlossen werden.

d) Da viele Aussagen nur durch Rückschlüsse möglich sind und aus den gleichen Tatsachen u.U. verschiedene Rückschlüsse gezogen werden können, fallen Rekonstruktionen unterschiedlich aus. Hinzu kommt, dass Fossilien oft nicht vollständig sind.

5.5 Homologie und Analogie

Der Begriff der Analogie	Abb. 1,2
Der Begriff der Homologie	Abb. 3
Unterscheiden zwischen Analogie und Homologie	1 Abb. 1-3
Das Problem, Homologien zu erkennen	2 3 4 Abb. 4,6,7

1

Analoge Merkmale sind Ähnlichkeiten, die auf Angepasstheiten verschiedener Tier- oder Pflanzenarten an gleiche oder ähnliche Umweltbedingungen zurückzuführen sind. Homologe Merkmale sind dagegen Ähnlichkeiten, die auf eine gemeinsame Erbinformation durch gemeinsame Vorfahren zurückgehen.
Die Abbildungen 1 und 2 zeigen Beispiele für analoge Merkmale: Die spitzen Schnauzen von Maulwurf und Maulwurfsgrille, der gedrungene Körperbau und das Vorhandensein von Grabschaufeln sind Angepasstheiten an das Leben im Boden. Die Abbildung 3 zeigt dagegen Beispiele für homologe Merkmale. Obwohl die Vorderextremitäten der fünf Wirbeltiere auf den ersten Blick unterschiedlich aussehen, haben sie doch alle den gleichen inneren Aufbau.

2

a) Die Ähnlichkeiten im Aussehen könnten sowohl auf Homologien als auch auf Analogien zurückzuführen sein. Allerdings wird das Wasser bei Wolfsmilchgewächsen im Mark gespeichert, bei Kakteen dagegen in der Rinde. Dieser unterschiedliche Aufbau spricht dafür, dass die Pflanzen nicht von gemeinsamen Vorfahren abstammen. Bei den Ähnlichkeiten im Aussehen handelt es sich also um Angepasstheiten an die gleiche extrem trockene Umwelt, um Analogien also.

b) Die Vorfahren sowohl der Kakteen als auch der Wolfsmilchgewächse lebten wahrscheinlich zunächst in normalen, nicht allzu trockenen Biotopen. Vermutlich sahen sie völlig unterschiedlich aus. In Afrika und Südamerika wurde es dann immer dürrer, die meisten Pflanzen vertrockneten. Es kam zu einer natürlichen Auslese. Sowohl bei den Kakteen als auch bei den Wolfsmilchgewächsen überlebten die Pflanzen mit einem dickeren Spross und kleinen, stachelförmigen Blättern. Sie konnten mehr Wasser speichern und verloren weniger Wasser durch Verdunstung. So wurden sich die beiden Pflanzengruppen im Laufe der Zeit im Aussehen immer ähnlicher.

3

Die Schuppen der Haie und die Zähne der Säugetiere sehen nur auf den ersten Blick nicht ähnlich aus. Schaut man sich den Aufbau an, kann man recht viele Ähnlichkeiten entdecken. So bestehen sowohl Schuppen als auch Zähne aus Dentin (Zahnbein). Diese Substanz ist in beiden Fällen von Schmelz umhüllt. Außerdem enthält das Dentin einen Hohlraum (eine Zahnhöhle), der von Blutgefäßen durchzogen wird. Auch der Aufbau der Haut, in dem die Schuppen und die Zähne verankert sind, ist völlig gleich: innen die Lederhaut, außen die Oberhaut.

4

Wenn es sich bei Stacheln und Dornen um homologe Bildungen handeln würde, dann müsste auch der Aufbau der Stacheln und Dornen gleich sein. Dies ist aber nicht der Fall. Bei der Rose sind die Stacheln sehr einfach aufgebaut, sie sind lediglich Ausstülpungen der Rinde. Bei der Weißdornpflanze haben die Dornen einen komplizierteren Aufbau. Sie enthalten im Innern Holz und Mark, es sind sozusagen Ausstülpungen des ganzen Stängels.

5.6 Der Stammbaum der Wirbeltiere

Klassen der Wirbeltiere und ihre Merkmale	3 4 Abb. 2
Stammesgeschichtliche Entwicklung der Wirbeltiere	1 2 5 Abb. 1,4
Stammbaumerstellung	4 Abb. 1,3

1

- Alle Wirbeltiergruppen sind aus einer gemeinsamen Urform, dem „Urfisch“ hervorgegangen.
- Fische gibt es seit ca. 430 Millionen Jahren.
- In den dann folgenden 100 Millionen Jahren war die Artenzahl in der Gruppe der Fische groß, ging dann zurück und blieb konstant bis heute.
- Aus frühen Fischformen entwickelten sich vor ca. 350 Millionen Jahren die ersten Amphibien.
- Auch bei den Amphibien nahm die Artenzahl zunächst stark zu, dann aber wieder ab und blieb seit ca. 200 Millionen Jahren konstant.
- Die ersten Reptilien entwickelten sich aus Amphibien und traten vor ca. 290 Millionen Jahren auf.
- Reptilien waren lange Zeit (in Jura und Trias) die größte Tiergruppe, in der Kreidezeit (vor ca. 100 Millionen Jahren) nahm die Artenzahl dann aber stark ab.
- Aus Reptilien entwickelten sich die Gruppe der Vögel (in der Kreide) und die der Säugetiere (in der Trias).
- Die Zahl der Vogelarten nahm dann kontinuierlich zu.
- Auch die Zahl der Säugetiere nahm in der Kreide stark zu.
- Heute sind die Säugetiere die artenreichste Gruppe der Wirbeltiere.

2

Nr. 1: Cheirolepis
Nr. 2: Ichthyostega
Nr. 3: Brachiosaurus
Nr. 4: Archaeopteryx
Nr. 5: Eopelobates

3

1: Alle Wirbeltiere (Fische, Amphibien, Reptilien, Vögel und Säugetiere) haben eine Wirbelsäule, einen in Kopf und Rumpf gegliederten Körper und zwei Paar Gliedmaßen.
2: Amphibien, Reptilien, Vögel und Säugetiere haben die Merkmale, die der Gruppe 1 gemeinsam sind, außerdem haben sie Gliedmaßen mit Zehen und atmen, zumindest als erwachsene Tiere, durch Lungen.
3: Reptilien, Vögel und Säugetiere haben alle Merkmale, die den Gruppen 1 und 2 gemeinsam sind, außerdem ist bei ihnen die oberste Hautschicht verhornt.
4: Fische haben die Merkmale, die der Gruppe 1 gemeinsam sind, außerdem haben sie Flossen und atmen durch Kiemen.
5: Amphibien besitzen neben den Merkmalen, die den Gruppen 1 und 2 gemeinsam sind, eine schleimige, nackte Haut.
6: Reptilien haben alle Merkmale, die den Gruppen 1, 2 und 3 gemeinsam sind, außerdem haben sie Hornschuppen, aber keine Federn.
7: Vögel haben alle Merkmale, die den Gruppen 1, 2 und 3 gemeinsam sind, außerdem haben sie Hornschuppen und Federn.
8: Säugetiere haben alle Merkmale, die den Gruppen 1, 2 und 3 gemeinsam sind, außerdem haben sie Haare und säugen ihre Jungen nach der Geburt.

4

Möglicher Stammbaum:

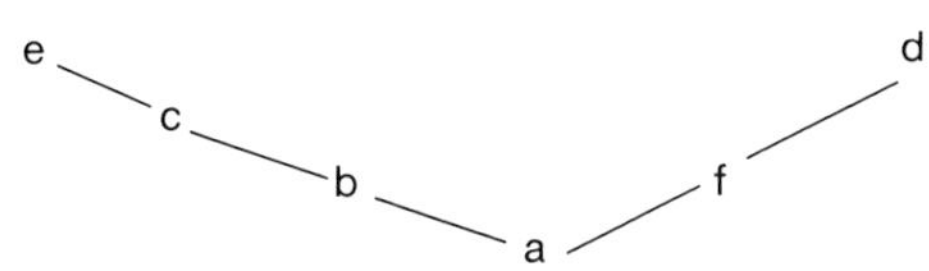

Begründung:
Form a lebt im Wasser und zeigt die ursprünglichen Merkmale: blaue Manschette mit vier Rückenzacken, zwei schmale Flossen, einen spitzen gelben Schnabel und eine schlanke Körperform mit Schwanzflosse.

In der Entwicklungslinie b – c – e verringert sich die Anzahl der Rückenzacken bis sie schließlich verschwunden sind, der Schnabel wird vorne immer breiter, die Körperform wird immer höher und runder, die Schwanzflosse wird zu einem zunächst zweigeteilten, dann einteiligen, kurzen Schwanz.

In der Entwicklungslinie f – d bleibt die Zahl der Rückenzacken erhalten und es bilden sich zusätzliche Zackereihen an der Seite des Tieres aus. Der Schnabel behält zunächst seine Form und wird dann leicht nach oben gebogen. Die Körperform wird etwas höher und die Schwanzflosse verändert sich zu einem relativ langen dünnen Schwanz.

5

Wirbelsäule, Flossen, Kiemen, Beine, Federn, Hornschuppen, Milchdrüsen, Lunge, Haare

	I								
	C			H	E	T	E	R	O
	H	D	I	N	O				H
	T				S			K	Y
	H		T		A			A	U
	Y		E	J	U	R		M	S
	O		R		R			B	
	S		T	S	I	L	U	R	
	T		I		E			I	
	E		A		R			U	
	G		E					M	
	A	U	R	F	I	S	C	H	E

5.7 Genetische Variabilität und natürliche Auslese

Begriff der genetischen Variabilität	Abb. 1 Abschnitte 1-4
natürliche Auslese	**1** **2** Abb. 2,3,4 Abschnitt 5
Modellversuch zur Selektion	**3**

1

a) Die Karte zeigt die Verbreitung verschiedener Populationen des Birkenspanners in England und Schottland. Jeder Kreis steht für eine untersuchte Population. Dabei lässt sich bei jedem Kreis ablesen, wie groß der Anteil der dunklen Mutation bei der jeweiligen Population ist. Bei den Populationen in den Industriegebieten, z. B. rund um London und Birmingham sind fast alle Individuen dunkel. Bei den Populationen in ländlichen Gebieten, z. B. an der Südküste Englands oder in Schottland sind die meisten Individuen hell.

Diese Zusammensetzung der Populationen lässt sich als Angepasstheit der Birkenspanner in Folge natürlicher Auslese durch Fressfeinde erklären. In den Industriegebieten sind die Birkenstämme wegen der Industrieabgase dunkler als in ländlichen Gebieten. Auf dunklen Birken sind helle Birkenspanner jedoch auffällig und werden von Vögeln leichter erkannt und häufiger gefressen als Tiere, die die Mutation für dunkle Flügel geerbt haben. Diese dunklen Expemplare haben hier einen Überlebensvorteil und können sich daher besser vermehren als die hellen Exemplare. Daher steigt im Laufe der Zeit der prozentuale Anteil an dunklen Tieren immer mehr an. In den ländlichen Gebieten ist es genau umgekehrt. Hier haben die dunklen Tiere einen Überlebensnachteil, sie werden auf den hellen Birkenrinden leichter von Vögeln gesehen als die dunklen Tiere.

b) In Dorset wurden fast ausschließlich dunkle Birkenspanner gefressen, in Birmingham dagegen überwiegend helle Tiere. Außerdem wurden in Dorset insgesamt wesentlich mehr Birkenspanner gefressen als in Birmingham.

Birmingham ist ein Industriegebiet. Die Birkenstämme sind dunkel, und die Birkenspannerpopulationen bestehen hauptsächlich aus dunklen Tieren, die auf den Birkenstämmen gut getarnt sind. Die wenigen hellen Tiere fallen dagegen auf und werden daher bevorzugt von den Vögeln gefressen. Damit erklärt sich der hohe Anteil von hellen Tieren bei den gefressenen Birkenspannern.

Dorset liegt an der Südküste Englands, die Birken haben hier helle Stämme, und die hellen Birkenspanner sind gut getarnt. Es werden hauptsächlich die dunklen Tiere gefressen.
Insgesamt scheinen die Umweltbedingungen in Dorset günstiger für Birkenspanner zu sein, denn die Gesamtzahl der gefressenen Birkenspanner ist hier wesentlich höher als in dem Industriegebiet.

2

Die künstliche Auslese durch Züchtung führt in sehr kurzer Zeit zu einer Vielzahl unterschiedlicher Kohlarten. Der Mechanismus der künstlichen Auslese ist aber im Prinzip der gleiche wie bei der natürlichen Auslese. Aus der Vielzahl von unterschiedlichen Individuen werden nur wenige Pflanzen mit ganz bestimmten Eigenschaften zur Vermehrung ausgewählt. Diese Eigenschaften treten dann in der nächsten Generation verstärkt auf. Bei der künstlichen Auslese ist es der Züchter, der die Pflanzen auswählt, bei der natürlichen Auslese übernehmen verschiedene Umweltfaktoren die Auswahl. Diejenigen Pflanzen, deren Eigenschaften eine besondere Angepasstheit an die jeweilige Umwelt darstellen, haben einen höheren Fortpflanzungserfolg als die weniger gut angepassten Pflanzen. Bei der natürlichen Auslese hat also die Umwelt einen entscheidenden Einfluss auf das Aussehen der Pflanzen. Bei der künstlichen Auslese spielt die Umwelt so gut wie keine Rolle, die Zuchtziele werden bei Zierpflanzen durch das Aussehen und bei Nutzpflanzen durch den Ertrag, den Geschmack etc. bestimmt.

3

Es wird erwartet, dass auf dem grünen Rasen die roten Trinkhalme wesentlich leichter gefunden werden als die gut getarnten grünen Trinkhalme.
Entsprechungen zwischen Modellversuch und natürlicher Auslese:
Die Fressfeinde der Insekten – meistens Vögel – haben oft nur wenig Zeit, eine Entscheidung zu treffen, welches Insekt sie fressen sollen. Sie müssen, vor allem wenn sie Jungtiere zu füttern haben, möglichst viel Nahrung in möglichst kurzer Zeit heranschaffen. Dabei fangen sie vor allem Insekten, die auffallen. Zum Beispiel weiße Birkenspanner auf dunklen Baumrinden.
Welche Bedingungen sind im Modellversuch vereinfacht worden?
In der Natur gibt es viele verschiedene Insektenarten, und in jeder Art treten auch noch unterschiedliche Individuen auf. Bei dem Modellversuch gibt es nur zwei Arten von Strohhalmen, rote und grüne. In der Natur halten sich die verschiedenen Insekten auch auf unterschiedlichen Pflanzen auf; oft dort, wo sie besonders gut getarnt sind. In dem Versuch liegen die roten Strohhalme einfach auf dem grünen Rasen, ohne dass sie sich „verstecken“ können. In der Natur gibt es viele verschiedene Vogelarten im gleichen Biotop, die unterschiedliche Nahrung bevorzugen. In dem Modellversuch spielt nur eine Vogelart eine Rolle.
Verbesserung des Versuchs:
Der Versuch müsste in mehrere Runden unterteilt werden. Nach der ersten Runde kommen die „überlebenden“ Strohhalme „zur Fortpflanzung“. Für jeden roten oder grünen Strohhalm, der nach der ersten Runde noch auf der Rasenfläche liegt, werden z. B. zwei neue Strohhalme der gleichen Farbe dazugelegt.

5.8 Tarnen und Warnen

Impuls: Warum sind manche Tiere auffällig gefärbt, andere aber kaum von der Umgebung zu unterscheiden? — Abb. 1-6

Wirksamkeit von Tarnung — **1** Abb. 7,8

Wann ist eine auffällige Färbung sinnvoll? — Abb. 1-3, 5,10

Mimikry: Vorbilder und Nachahmer — **2** Abb. 1,2,5,10

Evolution von Tarnung — **3** Abb. 11

1

a)

Gruppe	Unversehrt	Gefressen
1	60,87%	39,13%
2	62,07%	37,93%
3	76,67%	23,33%

b) Ob eine Puppe überlebt oder gefressen wird, hängt von mehreren Faktoren ab, zum Beispiel der Zahl der Fressfeinde, dem Sättigungszustand der Fressfeinde oder der Anzahl der Puppen. Auch der Zufall spielt eine große Rolle. So kann beispielsweise auch eine schlecht sichtbare Puppe von einem Fressfeind entdeckt und gefressen werden, wenn dieser zufällig an der Stelle sucht, wo die Puppe liegt.

2

a) Vorbilder sind die mäßig giftigen Schlangen. Werden mögliche Fressfeinde von ihnen gebissen, überleben sie, lernen aber, dass die Schlangen „unangenehm" sind. Die tödlich giftigen Schlangen können nicht die Vorbilder sein, weil bei den gebissenen Tieren kein Lerneffekt eintreten kann (ein Lerneffekt der Artgenossen eines gebissenen Tieres kann in der Regel vernachlässigt werden, weil die meisten Räuber einzeln leben). Die tödlich giftigen Schlangen sind also ebenso wie die ungiftigen Arten Nachahmer.

b)

	1950	1951	1952	1953
Verhältnis Vorbilder : Nachahmer	2,3 : 1	3,28 : 1	2,71 : 1	3,01 : 1

c) Die abschreckende Wirkung der Warntracht würde vermutlich nachlassen, da mögliche Fressfeinde bei den ungiftigen Arten keine schlechten Erfahrungen sammeln können und bei den tödlich giftigen Schlangen keine Lernerfahrungen gemacht werden können.

3

a) Bei den Tarntrachten der Tiere in Abb. 11 handelt es sich um Analogien: Die Ähnlichkeit, nämlich die blattförmige Gestalt, hat sich als Angepasstheit an ähnliche Umwelten entwickelt. Das gemeinsame Merkmal der blattförmigen Tiere geht nicht auf gemeinsame Vorfahren zurück, die Tiere gehören zu stammesgeschichtlich ganz unterschiedlichen Tiergruppen: Insekten (a, c), Fischen (b), Reptilien. Auch bei den beiden Insekten (a, c) handelt es sich nicht um Anologie, da bei a die Flügel blattförmig sind, bei c der Körper.
b) Die an Land lebenden Tiere (a, b, d) kommen wahrscheinlich in einem Lebensraum mit dichtem Blattwerk vor. In einem Baum voller Blätter sind sie durch ihre blattförmige Gestalt für Fressfeinde und Beutetiere kaum zu entdecken. Der blattförmige Fisch (b) kommt wahrscheinlich in flachen Gewässern vor, in denen sich heruntergefallene Blätter auf Steinen befinden. Hier ist er durch seine Form und Farbe gut getarnt.
c) Zufällig auftretende Individuen mit (leicht) blattförmiger Gestalt hatten in bestimmten Lebensräumen (Bäume mit dichtem Blattwerk) einen Überlebensvorteil durch ihre gute Tarnung. So entwickelten sich in der Evolution (durch Mutation und Selektion) immer extremere Körper- und damit Tarnungsformen.

5.9 Artbildung

Artbildung am Beispiel der Goldhähnchen	Abb. 1 Text 1
Weitere Beispiele für Artbildung	**2 3 4** Abb. 1,2,3

1

Eine Population ist eine Gruppe von Lebewesen der gleichen Art, die zusammen leben und untereinander Erbinformationen austauschen. Beispiele für solche Populationen sind die Erdhörnchen, die am Nordrand des Grand Canyons leben oder die Grünspechte, die in einem Waldgebiet leben.
Unter einer Mutation versteht man eine plötzliche und zufällige Veränderung der Erbinformation. Die veränderte

Erbinformation kann eine Veränderung des Aussehens zur Folge haben. Die Nebelkrähe hat an einigen Stellen weiße Federn, die Rabenkrähe ist überall schwarz. Es ist durchaus möglich, dass die weißen Stellen durch eine Mutation entstanden sind. Eine Mutation kann aber auch das Verhalten von Tieren betreffen. So könnten zum Beispiel aus tagaktiven Tieren nachtaktive werden. Innerhalb einer Population unterscheiden sich die Individuen zum Teil recht stark. Dies bezeichnet man als genetische Variabilität. Bei den Grünspechten ist zum Beispiel vorstellbar, dass sich ihre Schnabellängen und -dicken voneinander unterscheiden. Manche Tiere haben vielleicht einen langen und dünnen Schnabel, bei anderen Tieren sind die Schnäbel etwas kürzer und dikker. Auch der Grünton der Federn unterscheidet sich sicherlich von Tier zu Tier.
Unter Selektion versteht man soviel wie natürliche Auslese. Bei manchen Vögeln haben die Tiere einen Überlebensvorteil, die besonders gut getarnt sind. Tiere mit einem abweichenden Farbton sind auffälliger und werden eher von Fressfeinden entdeckt.
Angepasstheiten sind körperliche Merkmale oder Verhaltensmerkmale, die in einer bestimmten Umwelt die Überlebenschancen des Tieres oder der Pflanze erhöhen. Ein Erdhörnchen, dessen Fell genauso gefärbt ist wie der Untergrund, auf dem die Tiere leben, hat gute Chancen, von Fressfeinden nicht entdeckt zu werden. Erdhörnchen mit auffälliger Färbung werden dagegen leichter gefressen. Ein Specht mit einem besonders harten Schnabel kann besser Nahrung in der Rinde von Bäumen suchen als Tiere mit weicherem Schnabel.
Separation ist die räumliche Auftrennung einer Population in zwei Tochterpopulationen. Beispiele hierfür sind die Goldhähnchen, die durch Gletscher und Kältegebiete während der Eiszeit getrennt wurden oder die Erdhörnchen vom Nord- und Südrand des Grand Canyons.
Isolationsmechanismen bilden sich, wenn zwei Populationen lange Zeit getrennt waren. Bei den beiden Goldhähnchen-Populationen könnte sich zum Beispiel ein unterschiedliches Balzverhalten entwickelt haben. Kommen die beiden Populationen aus irgendeinem Grund wieder zusammen, so findet dennoch keine Fortpflanzung zwischen Tieren der beiden Populationen statt, weil die Weibchen der einen Population vom Balzverhalten der Männchen der anderen Population nicht beeindruckt werden.
Artbildung und Artaufspaltung sind die Folgen einer längeren Separation. Nach einigen Tausend oder Millionen Jahren haben sich Isolationsmechanismen entwickelt, die eine Paarung zwischen Individuen der beiden getrennten Populationen verhindern. Dies hat zum Beispiel zur Entwicklung von zwei verschiedenen Erdhörnchenarten am Grand Canyon geführt. Auch Grün- und Grauspecht sowie Raben- und Nebelkrähe sind Beispiele für solche Artaufspaltungen.

2

Am Anfang gab es nur eine Population von Goldhähnchen. Die Vögel lebten in einem Gebiet und konnten sich innerhalb der Population fortpflanzen. Es herrschte ein Genfluss zwischen den Tieren. Während der letzten Eiszeit kam es dann zur Bildung großer Gletscher und Kältegebiete. Der Lebensraum der Goldhähnchen wurde in zwei Gebiete getrennt. Die Vögel konnten die Gletscher oder Kältegebiete nicht überfliegen, weil sie zu ausgedehnt waren. So entstanden zwei Tochterpopulationen, zwischen denen kein Genfluss mehr stattfinden konnte. Jede Tochterpopulation war jetzt auf sich allein gestellt. Im Laufe der Zeit kam es immer wieder zu zufälligen Mutationen in den einzelnen Populationen. Viele Mutationen waren nachteilig und verschwanden mit ihren Trägern schnell wieder. Einige wenige Mutationen waren aber nicht nachteilig oder sogar vorteilhaft und blieben bestehen. In der anderen Population kam es ebenfalls zu Mutationen. Weil Mutationen aber zufällig sind, traten dort völlig andere Merkmale auf. Auf diese Weise wurden die Tochterpopulationen immer unähnlicher. Mit der Zeit änderte sich auch das Verhalten der Tiere. Wenn die Populationen in verschiedenen Umwelten lebten, verliefen diese Veränderungen noch schneller, weil jetzt die Selektion zu unterschiedlichen Angepasstheiten führte. Nach einigen Tausend oder Millionen Jahren hatten sich die Tochterpopulationen so weit auseinander entwickelt, dass die Tiere nicht mehr in der Lage waren, sich untereinander fortzupflanzen. Es hatten sich inzwischen Isolationsmechanismen entwickelt. Aus einer Art sind zwei Arten geworden, es hat eine Artaufspaltung stattgefunden.

3

a) Vor langer Zeit war der Grand Canyon noch nicht so tief wie heute. Die Erdhörnchen, die am Grand Canyon lebten, konnten den Canyon durchqueren. Auf den beiden Seiten des Canyons lebte also eine Population von Erdhörnchen, innerhalb dieser Population herrschte Genfluss. Als der Canyon mit der Zeit immer tiefer wurde, fiel es den Tieren immer schwerer, auf die andere Seite zu gelangen. Schließlich kam der Genfluss ganz zum Erliegen. Es waren zwei Tochterpopulationen entstanden, die sich unabhängig voneinander entwickelten. Ähnlich wie bei den Goldhähnchen kam es im Laufe der Zeit zur Artaufspaltung, weil sich die beiden Populationen durch Mutation und Selektion unterschiedlich entwickelten.

b) Vögel können fliegen und dadurch leicht von der Nord- zur Südseite des Canyons gelangen. Der Genfluss bei Vogelpopulationen war also nie unterbrochen. Daher konnten vorteilhafte Mutationen, die bei Tieren der Südseite entstanden, auch auf der Nordseite verbreitet werden und umgekehrt.

4

Raben- und Nebelkrähe

Vor der letzten Eiszeit lebte eine Population von Krähen in Europa. Durch die vorrückenden Gletscher und die sich ausbreitenden Kältegebiete fand eine Separation statt. Die Population wurde in eine westliche und eine östliche Population gespalten. Nach der Eiszeit und dem Rückgang der Gletscher lebten beide Populationen in verschiedenen Klimazonen. Die Ostpopulation lebte in einem sehr kalten Gebiet, die Westpopulation in einem eher gemäßigtem Gebiet mit milderen Wintern und nicht ganz so heißen Sommern. Die natürliche Auslese führte so zu unterschiedlichen Angepasstheiten in der westlichen und östlichen Population und schließlich zur Bildung von zwei Arten, der Rabenkrähe im östlichen Teil Europas und der Nebelkrähe im westlichen Teil. Beide Arten breiteten sich im Laufe der Zeit aus und trafen schließlich im mittleren Teil Europas wieder aufeinander, wo sie heute zusammen vorkommen.

Grünspecht und Grauspecht

Hier erfolgte die Artaufspaltung im Prinzip genauso wie bei den Krähen, allerdings verläuft die Artgrenze nicht von West nach Ost, sondern eher von Nord nach Süd. Laut Abbildung 3 ist der Grauspecht auf einige wenige Gebiete Nordeuropas beschränkt, während der Grünspecht in ganz West- und Mitteleuropa verbreitet ist, außer in den Alpen. In den kälteren Gebieten, also in den Alpen sowie in Osteuropa, kommen beide Arten nebeneinander vor. Im Vergleich zu den Krähen ist diese Zone der gemeinsamen Verbreitung sehr viel größer.

Anmerkung: Die Rabenkrähe und die Nebelkrähe können sich in der Zone der gemeinsamen Verbreitung fruchtbar miteinander fortpflanzen, allerdings haben die Bastarde eine geringere Fitness, weil sie nicht so gut angepasst sind wie die reinen Arten. Die Artbildung ist bei den Krähen somit noch nicht abgeschlossen. Bei den Spechten ist die Artbildung abgeschlossen, Bastarde treten nicht auf.

6 Evolution des Menschen

6.1 Mensch und Menschenaffen

Enge Verwandte	Abb. 1,2
Spezifisch menschliche körperliche Merkmale	1 Abb. 2
Menschenaffe und Mensch – nur graduelle Unterschiede?	2 3

1

Der Fuß des Schimpansen besitzt einen großen Zeh, der den anderen Zehen gegenübergestellt werden kann, ähnlich wie der Daumen der Hand (Greifen/Klettern und Laufen). Der menschliche Fuß besitzt einen großen Zeh, der wie die anderen Zehen nur nach vorne gerichtet ist (nur geeignet zum Laufen). Die Beinstellung beim Schimpansen zeigt Oberschenkelknochen und Unterschenkelknochen in einer geraden Linie (abgeknickte Beine beim Laufen in gebückter Haltung), beim Menschen stehen die Oberschenkelknochen vom Becken ausgehend bis zum Knie leicht nach innen gerichtet (=Anpassung an den aufrechten Gang). Der Gehirnschädel des Schimpansen ist kleiner als der Gesichtsschädel (Schnauzenbildung), die Ansatzstelle der Wirbelsäule ist schräg nach hinten gerichtet. Beim Menschen ist der Gehirnschädel größer als der Gesichtsschädel (Platz für das vergrößerte Gehirn), eine Schnauzenbildung fehlt. Die Ansatzstelle der Wirbelsäule ist nach unten gerichtet (Anpassung an den aufrechten Gang). Der Oberkiefer des Schimpansen ist rechteckig, die Eckzähne sind stark ausgeprägt. Der Unterkiefer des Menschen ist bogenförmig gerundet, die Eckzähne gleichen den Schneidezähnen.

2

Der Forschungsbericht zeigt, dass Gorillas über ein Sprachverständnis verfügen, auch wenn sie aufgrund des Aufbaus ihres Kehlkopfes nicht sprechen können. Außerdem verfügen Gorillas über ein Bewusstsein (erkennen sich im Spiegel) und ein gewisses Vermögen zum abstrakten Denken (verstehen zeitbezogene Wörter). Sprachverständnis, Abstraktionsvermögen und Bewusstsein sind Leistungen des Großhirns.

3

Gemeinsamkeiten in der Lebensweise von Schimpanse und Mensch: Leben in Gruppen mit entsprechendem Sozialverhalten (Teilen der Nahrung, Aggression und Beschwichtigung); Verständigung durch Mimik, Gestik und Laute; Aggressivität; Lernvermögen und Ausbildung von Traditionen (Junge lernen von Älteren).

6.2 Geschichte der Menschwerdung

Rekonstruktion der Humanevolution	1 Abb. 1
Wechselwirkungen in der Humanevolution, Soziale Wechselwirkungen	2 3 Abb. 2,3
Verschiedene Modelle der Menschwerdung	4 Abb. 4

1

a) Zu sehen ist eine Gruppe von 12 Frühmenschen (neun Erwachsene und drei Kinder), die nackt sind und aufrecht gehen, in einer offenen Landschaft mit Gras, Bäumen und Büschen, am Fluss.

- Ernährungsweise: Manche pflücken Beeren und andere Früchte, andere suchen Eier, drehen Steine nach Insekten und Kleintieren um. Die Frühmenschen vor 1,8 Millionen Jahren ernährten sich nach dieser Darstellung von dem, was sie bei ihren gemeinschaftlichen Streifzügen in der Natur vorfanden. (Es ist nicht ausgeschlossen, dass sie sich auch von Aas ernährten.) Diese Frühmenschen lebten hauptsächlich als Sammler.
- Lernvermögen: Nach Abbildung 2 beträgt das Hirnvolumen dieser Menschen etwa 600 ml. Das ist deutlich mehr als bei Schimpansen aber noch weniger als die Hälfte des Jetztmenschen. Wenn man die Lern- und Gedächtnisfähigkeiten von Schimpansen kennt, dürften diese Menschen dazu im Vergleich ein ausgezeichnetes Lernvermögen haben. Dabei mag das Lernen durch Nachahmung eine erhebliche Rolle spielen: Auf dem Bild schaut ein Kind einer Frau bei Handhabungen mit einem Stock zu und ein erwachsener Mann einem anderen, der offenbar ein Steinwerkzeug herstellt.
- Werkzeugherstellung: Links im Bild schlägt ein sitzender Mann offenbar zwei Steine gegeneinander. Vielleicht soll ein einfaches Steinwerkzeug hergestellt werden. Werkzeugherstellung setzt die Fähigkeit zu vorausschauenden Planungen voraus. Andere Mitglieder der Gruppe benutzen einfache Werkzeuge wie Stöcke.
- Bedeutung der Kindheit: In der Kindheit wird sehr viel gelernt, durch Nachahmung von Eltern, Geschwistern und anderen Gruppenmitgliedern sowie Ausprobieren und im Spiel.
- Anzahl der Nachkommen: Eine relativ lange Kindheit geht mit einer geringen Kinderzahl einher. Die wenigen Kinder wurden sehr intensiv betreut und konnten daher sehr viel lernen.

Für das Überleben vorteilhafte Eigenschaften der Frühmenschen waren hohe Intelligenz, Lernvermögen und gutes Gedächtnis, Kommunikationsfähigkeit zum Zusammenleben in einer Gruppe und zum Aufbau sozialer Strukturen, Geschicklichkeit und Fingerfertigkeit bei der Werkszeugbenutzung.

b)

- Entferne Dich nie zu weit von der Gruppe! Ohne die Gruppe bist du verloren.
- Vermeide unnötige Risiken, zum Beispiel wenn Raubkatzen in der Nähe sind.
- Lerne essbare von giftigen Früchten zu unterscheiden!
- Lerne von den Erwachsenen, wie man Werkzeuge herstellt!
- Kooperiere mit den Menschen, die dir freundlich gesonnen sind!
- Lerne die Bedeutung von Spuren, Geräuschen, Gerüchen und anderen Naturerscheinungen kennen.

2

Im Laufe der Entwicklung vom Vormenschen (Australopithecus) über Frühmenschen (Homo habilis, Homo erectus) zum Jetztmenschen (Homo sapiens), die ca. 3,5 Millionen Jahre dauerte, nahm das Gehirnvolumen sehr stark zu: von 385 ml auf 1350 ml; im Vergleich dazu hat der Schimpanse ein Gehirnvolumen von 400 ml, ähnlich den Vormenschen. Mit dem Gehirnvolumen gehen Intelligenz, Lernvermögen und Gedächtnis einher. Im Zusammenhang mit einer verlängerten Kindheit begründet dies das enorme Lern- und Gedächtnisvermögen des Menschen. Das zunehmend größere Gehirn benötigte dabei auch immer mehr Energie, sodass beim Jetztmenschen knapp 1/4 der vom Körper benötigten Energie für die Gehirntätigkeit gebraucht wird. Dieser höhere Energiebedarf wurde durch eine fleischreiche Ernährung gedeckt, wobei zur Jagd auch Werkzeuge eingesetzt wurden. Parallel zum Gehirnvolumen nahm mit der Zeit auch die Gruppengröße zu. In einer großen Gruppe mit vielen mitmenschlichen Beziehungen war auch eine vielfältige Kommunikation, die Lernvermögen und Intelligenz voraussetzt, von großem Vorteil.

3

Australopithecus afarensis: Gruppenstärke = 50; Anzahl möglicher Beziehungen = 1225
Australopithecus africanus: Gruppenstärke = 60; Anzahl möglicher Beziehungen = 1770
Homo habilis: Gruppenstärke = 80; Anzahl möglicher Beziehungen = 3160
Homo erectus: Gruppenstärke = 100; Anzahl möglicher Beziehungen = 4950
Homo sapiens: Gruppenstärke = 100; Anzahl möglicher Beziehungen = 4950
Homo sapiens sapiens: Gruppenstärke =; Anzahl möglicher Beziehungen = 12720

Das Leben in einer großen Gruppe erfordert und ermöglicht komplexe soziale Strukturen, die durch hohe Intelligenz und Sprache entwickelt werden. Eine große Gruppe bietet mehr Schutz gegen Feinde, profitiert von Arbeitsteilung und begünstigt das enorme Lernvermögen in einer langen Kindheit.

4

Modell c) trifft am ehesten zu: Dem Übergang zum Bodenleben folgte die Entwicklung des aufrechten Ganges. Durch die dann zunehmende Vergrößerung des Gehirns und damit einhergehende hohe Intelligenz konnte sich die menschliche Kultur einschließlich der Wortsprache entwickeln.

Modell a (und in gewisser Hinsicht auch Modell d) ist aus heutiger Sicht deshalb widersprüchlich, weil es die Fähigkeit zur Sprache noch vor der Vergrößerung des Gehirns voraussetzt. Bei Modell b ist die Vergrößerung des Gehirns noch vor dem Übergang zum Bodenleben schwer nachvollziehbar.

6.3 Kultur und Wortsprache

Der Mensch schafft Kultur	(Abb. Grundwissenseite)
Fähigkeiten, die die kulturelle Entwicklung begründen: Wortsprache Einsichtiges Verhalten Arbeitsteilung Überlieferung Werkzeugherstellung	(2) 3 4
Von der Höhlenmalerei zum Internet	1 2 Abb. 1

1

Für die Entwicklung der Nachrichtenkommunikation waren alle auf der Grundwissenseite erläuterten Fähigkeiten von Bedeutung:

Durch *Wortsprache* konnten sich Menschen miteinander über abstrakte Dinge verständigen, und durch die Entwicklung der Schrift konnten sprachlich formulierte Gedanken festgehalten und weitergegeben werden.

Einsichtiges Verhalten und vorausschauende Planung sind wichtig, um die Wirkungen von Handlungen einzuschätzen und z. B. Werkzeuge herzustellen. Nur so konnten beispielsweise der Buchdruck mit beweglichen Lettern, das Mikrofon oder der Computer erfunden werden: Immer war ein Vorwissen über technische Zusammenhänge notwendig, das dann einsichtig verknüpft und vorausschauend erweitert wurde um ein gedanklich geplantes Ziel zu erreichen.

Mit *Arbeitsteilung, Kooperation und Zusammenarbeit* können viele Aufgaben effektiver erledigt werden. Die Produktion einer Tageszeitung ist z. B. nur dann möglich, wenn verschiedene Aufgaben wie Recherche, Redaktion, Fotografie, Druck und Verkauf auf viele Mitarbeiter aufgeteilt werden, da niemand allein alle Aufgaben in der notwendigen Schnelligkeit erledigen könnte.

Nutzung der Erfahrung anderer: Da die Menschen Erfahrungen von Generation zu Generation weitergeben, können sie auf ein immer größeres Wissen aufbauen, um neues zu entwickeln; alle Entwicklungen / Erfindungen bauen daher aufeinander auf, z. B.:

Schriftsprache mit einzelnen Buchstaben – Buchdruck mit beweglichen Lettern – Zeitung, oder: Vorläufer des Computers – Erster Silizium-Mikroprozessor-Chip – Netzwerke aus vielen Rechnern – Internet

2

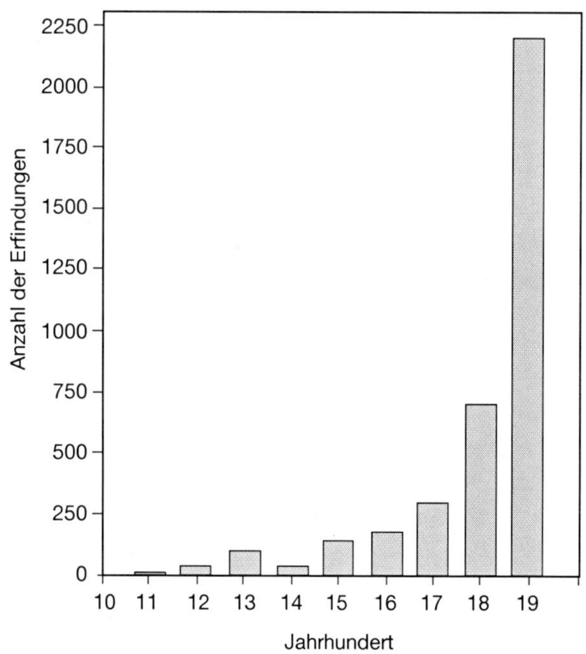

Die Anzahl der Entdeckungen und Erfindungen pro Jahrhundert nahm seit dem 11. Jahrhundert stark zu, und zwar nicht geradlinig (linear) um einen bestimmten Betrag, sondern von Jahrhundert zu Jahrhundert gab es einen immer größeren Anstieg der Anzahl (exponentielles Wachstum). Grundsätzlich bauen alle Erfindungen, Entwicklungen auf der Erfahrung und dem Vorwissen der vergangenen Generationen und Jahrhunderte auf; da also im Laufe der Zeit auf immer mehr zurückgegriffen werden kann, ist auch immer mehr Neues möglich.
Besonders viele Entdeckungen und Erfindungen gab es im 18. und 19. Jahrhundert, in denen eine naturwissenschaftliche Denkweise Forschung und Technik voranbrachten. Im 14. Jahrhundert nahm die Anzahl der Entdeckungen und Erfindungen gegenüber dem vorigen Jahrhundert ausnahmsweise etwas ab, was mit der großen Pestepidemie in Mitteleuropa Mitte des 14. Jahrhunderts in Zusammenhang stehen könnte, durch die sehr viele Menschen starben.

3

Die Versuche bestätigen: Informationsübermittlung durch Wortsprache erfolgt sehr viel schneller und präziser als Informationsübermittlung durch Mimik und Gestik. Besonders bei abstrakten Begriffen, also solchen, die relativ weit vom unmittelbar Anschaulichen entfernt sind, versagen Mimik und Gestik als Mittel der Informationsübertragung. Wortsprache bietet fast unendlich viele Möglichkeiten, Informationen zu übermitteln. Dagegen vermittelt Mimik die ebenfalls wichtige emotionale Komponente.

4

Überlieferung: Das Rezept der Mutter wird an ihr Kind (nächste Generation) weitergegeben und dann innerhalb der Freundinnen und Freunde ausgetauscht.
Vorausschauende Planung: Es muss vereinbart werden, wo und wann man sich trifft, wer welche der benötigten Zutaten einkauft und ob alle notwendigen Geräte (Backofen, Blech) vorhanden sind.
Werkzeuggebrauch: Beim Pizzabacken benutzt man viele Werkzeuge, u. a. Schüsseln, Löffel, Messer, Backblech und Backofen.
Schneller und einfacher geht das Pizzabacken, wenn man verschiedene Arbeitsschritte aufteilt, also *Arbeitsteilung und Kooperation* einsetzt. Während einer z. B. den Teig ausrollt, kann ein zweiter die Soße zusammenrühren und die anderen Salami, Pilze und Zwiebeln schneiden.
Bei der Planung und während des Pizzabackens redet man miteinander, benutzt also die *Wortsprache.*

6.4 Menschen – verschieden und doch gleich

Ausbreitung des modernen Menschen	**1** Abb. 1
Hautfarbe und „Rassen"	**2** Abb. 2,3
Stichwort: Rassismus	**3** Abb. 4

1

Zeit	Wanderbewegung
vor 150.000 – 130.000 Jahren:	von Zentralafrika nach Nordafrika
vor 120.000 Jahren:	von Zentralafrika nach Südafrika
vor 100.000 Jahren:	Besiedlung der Arabischen Halbinsel und des Vorderen Orients
vor 40.000 Jahren:	Besiedlung Europas über Südosteuropa
vor 35.000 Jahren:	von Mitteleuropa nach Innerasien
vor 30.000 – 40.000 Jahren:	von der Arabischen Halbinselnach Innerasien, Ostasien und Südostasien
vor 20.000 Jahren:	Besiedlung Nordamerikas über die Behring-Straße und Alaska

vor 11.000 Jahren:	von Nord- nach Mittel- und Südamerika
vor 3.500 Jahren:	von Indonesien zu den Fidschi-Inseln
vor 2.500 Jahren:	von den Fidschi-Inseln zu den Gesellschaftsinseln
vor 2.400 Jahren:	von den Fidschi-Inseln zu den Marquesasinseln
vor 1.500 Jahren:	von den Marquesasinseln zu den Osterinseln
vor 1.200 Jahren:	von den Gesellschaftsinseln nach Neuseeland

2

Die Hautfarbe ist eng korreliert mit der Intensität der UV-Strahlung in den Gebieten, in denen die Menschen leben bzw. in die sie einwanderten. Vergleichbare Strahlungsintensitäten kommen in Erdteilen mit ähnlichem Breitengrad vor und die Hautfarbe der dort lebenden, kulturell ganz unterschiedlichen Menschengruppen ist sehr ähnlich. Beispiele sind hierfür z. B. die Ureinwohner Australiens und Menschen in Zentralafrika, die eine dunkelbraune Haut haben oder Menschen in Nordafrika, Indien, Mittel- und Südamerika, die alle eine hellbraune Hautfarbe haben Die Hautfarbe ist daher kein Kriterium zur Zugehörigkeit zu einer bestimmten Menschengruppe, sondern eine Angepasstheit an das Klima. Alle Menschen stammen letztlich von dunkelhäutigen Afrikanern ab. Abbildung 3 macht deutlich, dass die Hautfarbe ein sehr „oberflächlicher" Aspekt ist und nichts mit Charakter und kulturellen Eigentümlichkeiten des jeweiligen Individuums zu tun hat. Rassisten dagegen stellen häufig abwertende Beziehungen zwischen Hautfarbe und Charaktereigenschaften bzw. Kultur her. Das ist sachlich falsch.

3

Unter Rassismus versteht man, wenn einer Menschengruppe Eigenschaften unterstellt werden, durch die sie abgewertet und als unterlegen oder minderwertig eingestuft wird. Rassismus ist menschenunwürdig und widerspricht gegen die Menschenrechte und die Grundrechte.

Beispiele für Rassismus:
- Ausrottung der Indianer in Amerika
- Massenvernichtung von Juden im Nationalsozialismus
- Apartheid in Südafrika
- Rassismus in Form von Vorurteilen (abwertend, minderwertig, unterlegen)
- Unfaire Behandlung und Beschimpfung von fremd aussehenden Leuten im Alltag
- Diskriminierung / Benachteiligung, z. B. aufgrund der Hautfarbe
- Gewalt gegen Ausländer

7 Sexualität

7.1 Pubertät

Hormonelle Veränderungen	**1** Abb. 1,2

Körperliche Veränderungen	**2** Abb. 1,2,3

1

Hormone	**Ausgangsort**	**Zielort**	**Wirkung**
Freisetzungs-hormone	Hypothalamus	Hypophyse	Abgabe von FSH und LH ins Blut
LH	Hypophyse	Hoden Eierstöcke	Bildung von Androgenen Bildung von Gestagenen
FSH	Hypophyse	Hoden Eierstöcke	Heranreifen der Spermien unter Zusammenwirken mit Androgenen Bildung von Östrogenen
Androgene	Hoden	Hoden Kehlkopf unspezifisch	Heranreifen der Spermien, Wachstum von Hoden und Penis (mit FSH-Wirkung) Wachstum führt zum Stimmbruch und anschließend tieferer Stimme Längenwachstum, Ausprägung der Körperform, Bartwuchs, Achsel-, Scham- und sonstige Körperbehaarung
Gestagene Östrogene	Eierstöcke	Eierstöcke Brustdrüsen unspezifisch	Wachstum; Heranreifen der Eizellen Wachstum Längenwachstum, Ausprägung der Körperform, Achsel-, Schambehaarung

2

a) Ein Mitesser entsteht, wenn sich verhornte Zellen mit Talg vermischen, zusammenkleben und damit den Ausführgang des Follikeltrichters verstopfen.
Akne entsteht, wenn Bakterien in den Mitesser einwandern und eine Entzündung des Talgdrüsenfollikels hervorrufen. Es entsteht ein mit Eiter gefülltes Bläschen bzw. in tieferen Hautschichten ein schmerzhafter Knoten.
b) Die in den männlichen Keimdrüsen gebildeten Androgene regen die Talgdrüsen zur vermehrten Talgbildung an, was die Entstehung von Akne fördert. Bei Mädchen hemmen Östrogene die Entstehung von Akne.

3

Erschließungsfelder: 3, 6, 7, 9

7.2 Geschlechtsreife bei Jungen

Spermien	3 2 Abb. 2

Männliche Geschlechtsorgane und ihre Funktion	1 3 Abb. 1

1

–

2

Bildung in den Hoden – Ausreifung und Speicherung in den Nebenhoden – Transport durch Samenleiter unter Anreicherung mit Sekreten bei der Passage der Bläschendrüse und Prostata – nach Passage der Prostata Transport durch Harn-Samen-Röhre und Verlassen des Körpers

3

Bei Pflanzen stellen Samen die Nachkommen einer Pflanze dar, die sich nach einer Befruchtung entwickeln, nachdem also die Zellkerne einer männlichen und einer weiblichen Geschlechtszelle miteinander verschmolzen sind. Spermien sind die männlichen Geschlechtszellen. Der Begriff „Samen" wird demnach doppeldeutig verwendet, was zu missverständlichen Vorstellungen führen kann.

4

Die Kerntemperatur des Menschen liegt bei etwa 36,5 °C, deutlich höher als die für die Spermienreifung notwendige Temperatur. Durch die „Auslagerung" der Hoden/ Nebenhoden in den Hodensack ist die erforderliche Temperaturregulation und -anpassung möglich.

7.3 Geschlechtsreife bei Mädchen

Follikel	3 2 1 Abb. 2,3,5

Weibliche Geschlechtsorgane und ihre Funktion	4 1 Abb. 1,2

1

1. Stadium	1. – 4. Tag	Der zunächst kleine Follikel wächst; Eizelle und sie umgebende Zellschichten sind gut zu erkennen.
2. Stadium	5. – 10. Tag	Größe des Follikels nimmt stark zu; starke Vermehrung der Granulosazellen; Ausbildung der Follikelhöhle.
3. Stadium	11. – 12. Tag	Weitere Größenzunahme des Follikels; deutliche Vermehrung der Granulosazellen; starke Vergrößerung der Follikelhöhle und damit einhergehende Verlagerung der Eizelle in den Randbereich des Follikels.
4. Stadium	13. – 14. Tag	Follikel ist ausgereift: Eizelle befindet sich am Rand.

2

a)

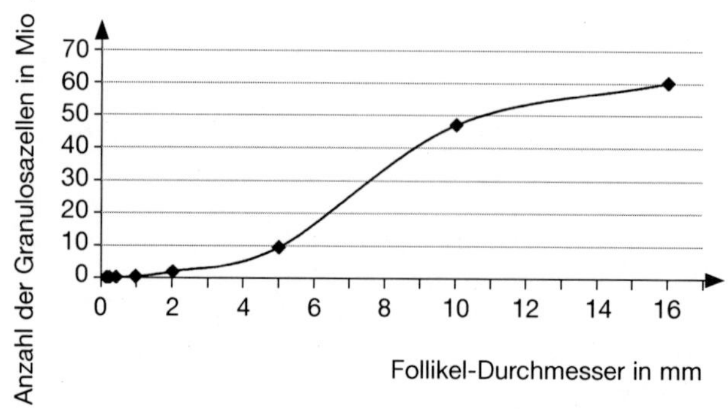

(Die Grafik ist hier verkleinert dargestellt, laut Aufgabe soll 1 cm der X-Achse 1 m Follikel-Durchmesser entsprechen.)

b) Da die Anzahl der Östrogen bildenden Granulosazellen im Verlauf der Follikelreifung entsprechend der Darstellung in a) zunimmt, verhält sich die Zunahme der Östrogenmenge entsprechend.

3

Beim Menschen bekommt ein sich entwickelnder Embryo/Fetus während der Schwangerschaft alle benötigten Nährstoffe über die Plazenta zugeführt. Da die Entwicklung eines Kükens im Ei erfolgt, ohne die Zufuhr von Nährstoffen von außen, sind in der Hühnereizelle alle benötigten Nährstoffvorräte für das Küken bis zum Schlüpfen enthalten.

7.4 Hormonelle Regulation des weiblichen Zyklus

Hormone des Hypothalamus und der Hypophyse	**3** **2** Abb. 1,2,3

Östrogene und Gestagene und ihre Funktion	**1** **2** **3** **4** Abb. 1,2,3

1

Tag 1:
- Beginn der Regelblutung
- Gehalt im Blut an
  - FSH relativ hoch, bei etwa 20 rel. Einheiten;
  - LH niedrig, bei etwa 5 rel. Einheiten;
  - Östrogen niedrig, bei etwa 0,02 µg/l;
  - Progesteron niedrig, bei etwa 0 µg/l;
- Körpertemperatur bei etwa 36,5 °C

Tag 5:
- Regelblutung beendet
- Gehalt im Blut an
  - FSH gestiegen, bei etwa 30 rel. Einheiten;
  - LH niedrig, bei etwa 5 rel. Einheiten;
  - Östrogen gestiegen, bei etwa 0,05 µg/l;
  - Progesteron niedrig, bei etwa 0 µg/l;
- Körpertemperatur bei etwa 36,5 °C

Tag 10:
- Gebärmutterschleimhaut baut sich auf
- Gehalt im Blut an
  - FSH fast niedrigster Wert, bei etwa 10 rel. Einheiten;
  - LH niedrig (s. o.), kurz vor steilem Anstieg;
  - Östrogen gestiegen, bei etwa 0,1 µg/l;
  - Progesteron niedrig, bei etwa 0 µg/l;
- Körpertemperatur bei etwa 36,5 °C

Tag 15:
- Gebärmutterschleimhaut baut sich weiter auf
- Gehalt im Blut an
  - FSH von Peak bei etwa 25 rel. Einheiten am 14. Tag gefallen auf knapp 20 rel. Einheiten;
  - LH von Peak bei 50 rel. Einheiten am 14. Tag gefallen auf knapp 30 rel. Einheiten;
  - Östrogen von Peak bei 0,35 µg/l am 13. Tag gefallen auf 0,3 µg/l;
  - Progesteron gestiegen, bei etwa 5 µg/l;
- Körpertemperatur 37 °C, sprunghaft angestiegen

Tag 20:
- Gebärmutterschleimhaut baut sich weiter auf
- Gehalt im Blut an
  - FSH unverändert, bei etwa 20 rel. Einheiten;
  - LH gesunken, bei etwa 20 rel. Einheiten;
  - Östrogen mit leichtem Peak bei 0,2 µg/l;
  - Progesteron minimal gesunken auf 0,35 µg/l nach Maximum am 17. Tag;
- Körpertemperatur unverändert hoch

Tag 25:
- Gebärmutterschleimhaut maximal aufgebaut
- Gehalt im Blut an
  - FSH unverändert, bei etwa 20 rel. Einheiten;
  - LH fast auf minimalen Wert gesunken;
  - Östrogen gesunken, bei etwa 0,1 µg/l;
  - Progesteron steil gesunken, bei 0,15 µg/l;
- Körpertemperatur unverändert hoch, aber kurz vor steilem Abfall am 27. Tag

2

1 FSH:	Anstieg bis zum 5. Tag, zweiter Peak um 14. Tag
2 Östrogen:	Anstieg mit extremem Peak um 14. Tag und schwächerem Peak um 20. Tag
3 LH:	Anstieg mit Peak um 14. Tag

4 Progesteron: niedrige Werte bis um 14. Tag und Anstieg bis zum 18. Tag

3

In Abbildung a) ist dargestellt, bei wie viel Prozent der Frauen der Zyklus wie lange dauert:
bei weniger als 1% setzt die Blutung schon nach 20 Tagen ein;
bei 15% beträgt die Zykluslänge 25 Tage
bei 15% beträgt die Zykluslänge 28 Tage
bei gut 10% beträgt die Zykluslänge 30 Tage
bei etwa 2% beträgt die Zykluslänge 33 Tage
bei etwa 2% beträgt die Zykluslänge 36 Tage
bei etwa 2% beträgt die Zykluslänge 42 Tage
Die immer als „normal" angegebenen 28 Tage für eine Zykluslänge sind nur bei 15% der Frauen zu beobachten.
In Abbildung b) ist dargestellt, bei wie viel Prozent der Frauen an welchem Zyklustag der Eisprung stattfindet:
bei etwa 5% ist dies der 10. Zyklustag;
bei etwa 18% ist dies der 13. Zyklustag;
bei etwa 14% ist dies der 14. Zyklustag;
bei etwa 6% ist dies der 15. Zyklustag;
bei etwa 1% ist dies der 19. Zyklustag;
Der immer als „normal" angegebene 14. Zyklustag für das Eintreten des Eisprungs liegt nur bei 14% der Frauen vor.

4

–

7.5 Befruchtung und Einnistung

Befruchtung und Zellteilung	**4** **1** Abb. 1,3
Einnistung und Schwangerschaft	**3** **2** **1** Abb. 1,2,3

1

Eisprung		im Eierstock
1–6 Std. nach Eisprung	Befruchtung der Eizelle	im Eileiter
30 Std. nach Eisprung	Teilung des Embryos in zwei identische Tochterzellen	im Eileiter
60 Std. nach Eisprung	Weitere Teilungen bis zum 8-Zellen-Stadium	im Eileiter
3 Tage nach Eisprung	Weitere Teilungen bis zum Blasenkeim	im Gebärmuttereingang
6–7 Tage nach Eisprung	Blasenkeim beginnt sich in Gebärmutterschleimhaut einzunisten	in der Gebärmutter
9–10 Tage nach Eisprung	Einnistung des Embryos ist abgeschlossen und Schwangerschaft beginnt	in der Gebärmutter

2

- Der Verlauf der Kurve von FSH verändert sich nach der Einnistung nicht gegenüber dem Verlauf in einem normalen Zyklus.
- Der Verlauf der Kurve von LH verändert sich nach der Einnistung nicht gegenüber dem Verlauf in einem normalen Zyklus.
- Im Vergleich zum normalen Zyklus bleibt die Progesteronmenge nach der Einnistung auf maximalem

Niveau, während sonst um den 18. Zyklustag ein Abfallen der Kurve zu beobachten ist.
- Im normalen Zyklus sinkt die Östrogenkurve um den 20. Zyklustag nach einem leichten Peak bis zum Zyklusende kontinuierlich ab, nach der Einnistung dagegen tritt statt des Abfalls eine leichte Zunahme der Östrogenmenge auf einen Wert ein, welcher zunächst so erhalten bleibt.
- Der Gelbkörper bleibt zunächst erhalten.

3

a) Die Einnistung des Embryos führt zur Bildung von HCG, HCG wird im Urin nachgewiesen, eine Schwangerschaft liegt vor.
Findet keine Einnistung des Embryos statt, wird kein HCG gebildet, HCG wird nicht im Urin nachgewiesen, es liegt keine Schwangerschaft vor.
b) Ein hoher Östrogengehalt hemmt die Freisetzung von FSH und verhindert so das Heranreifen weiterer Follikel (s. u.). Hohe Östrogen-/Progesteron-Gehalte bewirken den Erhalt der aufgebauten Gebärmutterschleimhaut.
c) FSH bewirkt das Heranreifen eines Follikels. Östrogene hemmen die Freisetzung von FSH. Daraus folgt: Der hohe Pegel an Östrogenen nach der Einnistung des Embryos hemmt damit die Freisetzung von FSH. Ohne FSH reift kein weiterer Follikel heran.

4

Entstehung zweieiiger Zwillinge (Abb. links):
Hier liegt der Regelfall nicht vor: Es sind in einem Zyklus zwei Follikel ausgereift. Jede der beiden Eizellen wird von einem Spermium befruchtet. Aus der befruchteten Eizelle entstehen jeweils zwei identische Tochterzellen, die sich wieder teilen, so dass zwei 4-Zellen-Stadien vorliegen. Aus jedem der beiden 4-Zellen-Stadien geht nach weiteren Teilungen ein Blasenkeim hervor. Beide Blasenkeime nisten sich in der vorbereiteten Gebärmutterschleimhaut ein, und es entwickeln sich zwei Embryonen bzw. Feten in getrennten Fruchtblasen und jeweils eigener Plazenta.
Entstehung eineiiger Zwillinge (Abb. rechts):
Hier liegt der Regelfall vor, dass in einem Zyklus nur ein Follikel ausgereift ist. Die Eizelle wird von einem Spermium befruchtet. Aus der befruchteten Eizelle entstehen zwei identische Tochterzellen. Entgegen dem Regelfall (anschließendes 4-Zellen-Stadium) lösen sich die identischen Tochterzellen von einander. Aus jeder dieser beiden Tochterzellen entwickelt sich nach Durchlaufen der verschiedenen Teilungsstadien ein Blasenkeim. Beide Blasenkeime nisten sich in der vorbereiteten Gebärmutterschleimhaut ein und es entwickeln sich zwei Embryonen bzw. Feten in einer gemeinsamen Fruchtblase und einer gemeinsamen Plazenta.

7.6 Die Plazenta

Aufbau der Plazenta	Abb. 1,2
Funktion der Plazenta	4 3 2 1 Abb. 1,2,3

1

Über die Gefäße der Nabelschnur gelangt das kohlenstoffdioxidreiche Blut in die Zotten, die von der stark durchbluteten Gebärmutterschleimhaut umgeben sind. Das kohlenstoffdioxidreiche Blut in den embryonalen Zotten wird vom mütterlichen Blut umspült. Dabei findet ein Austausch verschiedener Stoffe zwischen embryonalem und mütterlichem Blut statt, z. B. gibt das Blut des Embryos Kohlenstoffdioxid ins mütterliche Blut ab und nimmt aus diesem Sauerstoff auf. Das sauerstoffreiche Blut in den embryonalen Zotten fließt in Richtung Nabelschnur und gelangt in den embryonalen Kreislauf.

2

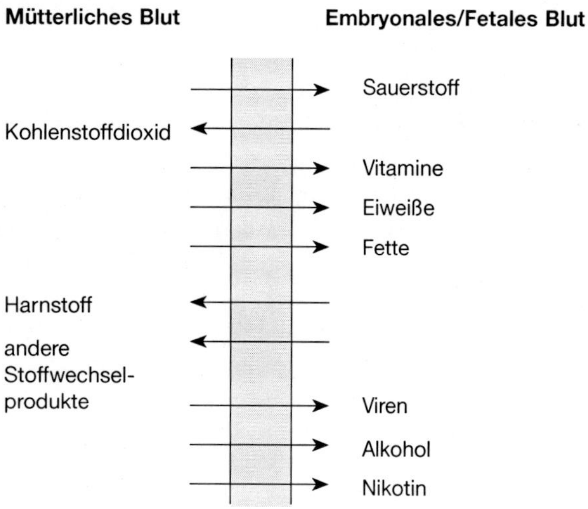

3

z. B.:
Der Embryo trinkt mit!
Alkohol darf nicht an „Minderjährige" abgegeben werden!

4

a) Die rosafarbene Kurve stellt die relativen Verkaufsmengen von Thalidomid dar. Der Absatz beginnt laut Grafik im Jahr 1959 und steigt bis 1960 an. Im Laufe des Jahres 1961 sinken die Absatzzahlen, ab Mitte des Jahres rapide auf 0, da das Medikament vom Markt genommen wird.
Die Kurve, die das Auftreten der spezifischen Missbildungen darstellt, hat einen ähnlichen Verlauf wie die Absatzkurve, jedoch mit einem etwa neunmonatigen Versatz.
Anzumerken aber ist:
- Im Verlauf des Jahres 1959 wurden Missbildungen erfasst, obwohl keine Absatzzahlen im Jahr 1958 vorliegen.
- Man könnte aufgrund der Verlaufs-Übereinstimmungen der beiden Kurven den Schluss ziehen, dass Thalidomid nur an Schwangere verkauft wurde; das ist so aber bestimmt nicht richtig.

b) Die Einnahme von Medikamenten in der Schwangerschaft ist generell problematisch, da man in den meisten Fällen nicht beurteilen kann, ob Bestandteile der Medikamente in welchem Ausmaß ins embryonale/fetale Blut gelangen. Sollte das der Fall sein, weiß man nicht, in welchem Entwicklungszeitraum welche Schäden bei Embryo/Fetus hervorgerufen werden.

7.7 Schwangerschaft und Geburt

Entwicklung während der Schwangerschaft	3 2 1 Abb. 1,2
Umstellung des Blutkreislaufs	4 Abb. 3

1

- Vor der 16. Woche ist der Fetus bereits zu erkennen.
- Bis zur 16. Woche ist der Fetus stark gewachsen. Durch die vergrößerte Gebärmutter wird die Lage von Dünn-, Dickdarm und Magen leicht verschoben. Die Schwangerschaft ist äußerlich erkennbar.
- Bis zur 28. Woche ist der Fetus stark gewachsen. Sein Kopf liegt in Richtung Gebärmutterausgang. Die Lage der inneren Organe der Mutter verändert sich weiter. Auch die Harnblase ist betroffen. Der mütterliche Bauch wölbt sich stärker vor.
- Bis zur 36. Woche ist der Fetus stark gewachsen. Die Lage der inneren Organe der Mutter verändert sich weiter. Die Brustdrüsen sind gewachsen.
- Bis zur 40. Woche ist der Fetus stark gewachsen. Sein Kopf rutscht tiefer ins Becken. Die Lage der inneren Organe der Mutter verändert sich weiter. Die Brustdrüsen sind gewachsen.

Die Bauchmuskeln werden im Verlauf einer Schwangerschaft stark gedehnt, die Rückenmuskeln müssen sich in jeder Körperhaltung den durch die Schwangerschaft bedingten Gewichtsveränderungen ständig anpassen bzw. diese kompensieren. Zusätzliche Belastungen von außen können reduziert werden, wenn einer Schwangeren
- das Tragen von schweren Dingen abgenommen wird.
- Langes Stehen durch Anbieten eines Sitzplatzes im Bus erspart wird.

- einige Wege, die z. B. mit Treppensteigen verbunden sind, abgenommen werden.
- Tätigkeiten abgenommen werden, die größere Beweglichkeit erfordern, wie Fensterputzen oder Benutzung von Treppenleitern.

3

Kerne von Eizelle und Spermium verschmolzen – befruchtete Eizelle mehrfach geteilt – Blasenkeim in Gebärmutterschleimhaut eingenistet – Entwicklung des Embryo in der Fruchtblase begonnen – Finger und Zehen an den Gliedmaßen erkennbar – alle Organe angelegt – Bewegungen des Fetus spürbar – Organe voll entwickelt – Fetus Schädellage angenommen

4

a) Eine schwangerschaftsbedingte Gewichtszunahme beginnt etwa in der 10. Schwangerschaftswoche (SSW).
- Während das Gewicht des Fetus bis zur 20. SSW auf etwa 0,3 kg allmählich ansteigt, nimmt es bis zur 30. SSW bis auf etwa 1,5 kg zu und hat gegen Ende der Schwangerschaft einen Wert von etwa 3,4 kg erreicht.
- Das Gewicht des Fruchtwassers nimmt allmählich zu und erreicht seinen maximalen Wert von knapp 1 kg etwa in der 35. SSW, um dann leicht bis zum Geburtstermin abzufallen.
- Die Gewichtszunahme der Plazenta erfolgt fast kontinuierlich bis zum maximalen Wert von etwa 0,75 kg am Ende der Schwangerschaft.

b)

SSW	Fetus (kg)	Fruchtwasser (kg)	Plazenta (kg)	Gesamtgewicht
20	0,4	0,45	0,2	1,05 kg
30	1,5	0,85	0,5	2,85 kg
40	3,4	0,9	0,8	5,1 kg

5

Blutkreislauf beim Fetus:
Das sauerstoffreiche, arterielle Blut aus der Plazenta fließt über die Nabelvene in Richtung Herz. Durch den Zufluss venösen Mischblutes aus dem Körperkreislauf bzw. venösen Blutes aus den Beinen, gelangt nun arterielles Mischblut in die rechte Herzkammer. Ein Teil des arteriellen Mischblutes gelangt über ein Loch in der Herzscheidewand in die linke Herzkammer. Der andere Teil fließt – durch den Zufluss venösen Blutes aus dem Kopfkreislauf – als venöses Mischblut in die Lunge bzw. über den „Botalli-Gang" in den Körperkreislauf. Aus der Lunge gelangt das jetzt venöse Blut in die linke Herzkammer. Von der linken Herzkammer fließt ein Teil als arterielles Mischblut in Richtung Kopf und von dort als venöses Blut in die rechte Herzkammer. Der andere Teil des Blutes aus der linken Herzkammer gelangt nach Zufluss venösen Mischblutes aus dem „Botalli-Gang" in den Körperkreislauf. Das venöse Mischblut des Körperkreislaufes teilt sich auf: Ein Teil vermischt sich mit arteriellem Blut aus der Nabelvene und fließt Richtung Herz. Ein Teil versorgt die Beine und fließt als venöses Blut mit dem arteriellen Blut aus der Nabelvene vermischt Richtung Herz. Ein Teil fließt über die Nabelarterien in die Plazenta ab.
Blutkreislauf beim Neugeborenen:
Venöses Blut gelangt in die rechte Herzkammer und von dort in die Lunge, in welcher der Gasaustausch stattfindet. Das nun sauerstoffreiche Blut fließt in die linke Herzkammer und gelangt von dort in den Körperkreislauf. Als venöses Blut fließt es aus Kopf, Körper und Beinen der rechten Herzkammer zu.
Unterschiede:

Fetus:	**Neugeborenes:**
Loch in Herz-Scheidewand Botalli-Gang Mischblut Sauerstoff aus Plazenta	Loch geschlossen kein Botalli-Gang Sauerstoff aus Lunge

7.8 Hormonelle Empfängnisverhütung

Kontrazeptiva	3 1 Abb. 1,2,4
Geschichte der hormonellen Empfängnisverhütung	2 Abb. 3

1

a) In Hypothalamus und Hypophyse wird die Bildung von LH und FSH gehemmt. Durch die zu geringen Mengen dieser Hormone finden im Eierstock keine Follikelreifung, kein Eisprung und keine Gelbkörperbildung statt und die Bildung von körpereigenem Östrogen und Progesteron wird gehemmt. Die künstlich zugeführten Östrogene bewirken den Aufbau der Gebärmutterschleimhaut; in der tablettenfreien Zeit wird diese abgestoßen (Blutung).

b) Einphasenpräparaten enthalten über den ganzen Einnahmezeitraum die gleichen Mengen an Östrogen und Gestagen. Auch Zwei- und Dreiphasenpräparate enthalten Östrogen und Gestagen, jedoch ist in Zweiphasenpräparaten der Östrogenanteil in den ersten 11 Tagen geringer als danach, bei Dreiphasenpräparaten ändern sich die Anteile von Östrogen und Gestagen während der Einnahmezeit in drei Schritten (Tag 1–5, Tag 6–11, Tag 12–28). Die Minipille, die jeden Tag exakt zur gleichen Uhrzeit eingenommen werden muss, enthält nur Gestagen.

2

a)
- etwa zwischen dem 08/04 und 10/04/1919
- am 24/05/1919
- etwa zehn Wochen

b) Die Vermutung liegt nahe, dass die von den Eierstöcken eines trächtigen Kaninchens produzierten Hormone bei Kaninchen B einen Eisprung nach den verschiedenen Deckaktionen zwischen dem 11/03 und dem 19/05 verhindert haben.

3

a) Alle Dragees der Packung enthalten über eine Einnahmephase die unveränderte Menge eines Gestagens und eines Östrogens. Das ist nur bei einem Einphasenpräparat der Fall. Einphasenpräparate gehören zu den Ovulationshemmern.

b)
- Gesundheitsschäden bei Schwangerschaft, Lebererkrankungen, Gefäß- und Stoffwechselerkrankungen bei Raucherinnen.
  Hinweis: Gründlicher Gesundheitscheck vor Anwendung; eventuell Wahl anderer Verhütungsmittel
- Einnahmefehler, Erbrechen oder Darmkrankheit mit Durchfall und Wechselwirkungen mit anderen Medikamenten können die empfängnisverhütende Wirkung herabsetzen.
  Hinweise: Beeinträchtigung der schwangerschaftsverhindernden Wirkung; Anwendung zusätzlicher Verhütungsmethoden notwendig

7.9 Partnerschaft und Verhütung

–

7.10 Schutz vor sexuell übertragbaren Krankheiten

–

7.11 Liebe, Partnerschaft, Familienplanung

Liebe und Partnerschaft	1 2 Abb. 1,2
Familienplanung: Empfängnisregelung Empfängnisverhütung	3 Abb. 4
Geburtenrate, Bevölkerungsentwicklung	4 Abb. 3

1

(Hier sind natürlich ganz verschiedene Antworten möglich.)

Was ist den Partnern des Paares vermutlich besonders wichtig?

- Für das jugendliche Pärchen (kleines Bild oben links) sind vermutlich gemeinsame Freizeit, partnerschaftliches Vertrauen, erste sexuelle Erfahrungen und die Abgrenzung zur Familie durch eine eigene Partnerschaft besonders wichtig.
- Für die Eltern der Familie (großes Bild) sind vermutlich die gemeinsame Verantwortung für die Kinder, Zuverlässigkeit und enges Vertrauen besonders wichtig.
- Für das alte Paar (Bild oben rechts) sind vermutlich die Sorge füreinander, gegenseitige Hilfe und die Erfahrung einer sehr langen gemeinsamen Zeit besonders wichtig.

Was sind vermutlich besonders schöne Erlebnisse im Leben der einzelnen Paare?

- Erlebnisse in der Clique, im Urlaub (Jugendfreizeiten etc.), zärtliche und sexuelle Erlebnisse miteinander, vertraute Gespräche
- Erleben der Geburten und des Aufwachsens der Kinder, gemeinsame Freizeit in der Familie, Urlaub
- Erinnerung an gemeinsame Vergangenheit, schöne Momente zusammen, sehr vertrauter Umgang und gegenseitige Hilfe

Welche Verantwortung haben die einzelnen Paare?

- zueinander stehen, Vertrauen nicht missbrauchen, Empfängnisverhütung
- Sorge und Verantwortung für die Kinder, gegenseitige Achtung, weitere Familienplanung
- Unterstützung bei Krankheit, Hilfe im Alltag

Welche Probleme könnten die einzelnen Paare haben?

- Unsicherheiten in den Gefühlen zueinander, Unsicherheit im Umgang miteinander und vor Freunden und Eltern, Eifersucht, Kränkungen, unterschiedliche Erwartungen aneinander, Enttäuschung, Streit
- Missverständnisse, wenig Zeit zu zweit, gegenseitige Vorwürfe die Erziehung und Betreuung der Kinder betreffend, wenig Freiraum für eigene Bedürfnisse, finanzielle Absicherung
- Unsicherheit durch Alter und Krankheit, Veränderungen im Alter, gegenseitige Enttäuschungen und Verletzungen in der Vergangenheit, eingefahrene Verhaltensmuster und Rollenaufteilung

2

– (individuelle Antworten)

3

– (individuelle Antworten)

4

a) Im Jahr 1995 gab es genauso viele unter 20-Jährige wie über 60-Jährige, den größten Anteil in der Bevölkerung stellten die 20-39-Jährigen, gefolgt von den 40-59-Jährigen. Der Prognose nach werden die Anteile der unter 20-Jährigen und der 20-39 Jahre alten in der Bevölkerung kontinuierlich abnehmen. Dagegen wird der Anteil der 40-59-Jährigen bis 2015 zunehmen und dann die größte Bevölkerungsgruppe stellen, danach aber auch stetig abnehmen. Die ältesten in der Bevölkerung (60 Jahre und älter) werden immer mehr werden und ca. ab dem Jahr 2018 die größte Gruppe in der Bevölkerung ausmachen, erst ab ca. 2030 wird diese Bevölkerungsgruppe wieder etwas kleiner werden, aber immer noch den größten Anteil ausmachen.

b) Um das Jahr 2032 herum wird die Gruppe der über 60 Jahre Alten die weitaus größte Gruppe in der Bevölkerung stellen (fast 30 Mio), auch 40–59 Jahre Alte wird es viele geben (fast 20 Mio), dagegen junge Leute nur vergleichsweise wenig (unter 20: ca. 12 Mio, 20–39: ca. 16 Mio).

c) Es wird immer mehr Alte geben, es wird immer weniger Erwerbstätige geben, die Jungen werden die Minderheit sein, es wird möglicherweise weiterhin Probleme mit der Renten- und Krankenversicherung geben, es wird zu wenige Jüngere geben, die arbeiten und Kinder bekommen.

Das Verhältnis von Älteren, nicht Erwerbstätigen, zu jüngeren Erwerbstätigen könnte sich (sehr) ungünstig verschieben, zumal viele Steuern an Einkommen aus Arbeit gebunden sind. Manche öffentliche Einrichtung muss möglicherweise schließen (u. a. weniger Schulen).

7.12 Embryonenschutz – Wann beginnt menschliches Leben?

Embryonenschutz in Deutschland, Übersicht, Begriffsklärungen	
Wann beginnt menschliches Leben? Erörterung verschiedener Positionen; ethische Reflexionen	1 Abb. 1
Genanalyse vor der Einnistung, PID ethische Reflexion	2 Abb. 1,2

1

Zeitpunkt des Beginns menschlichen Lebens:
- Deutsches Gesetz zum Embryonenschutz, 1991: Verschmelzung der Zellkerne von Spermium und Eizelle bei der Befruchtung
- Buddhismus: Verschmelzung der Zellkerne von Spermium und Eizelle bei der Befruchtung
- Denkweise nach Immanuel Kant: Verschmelzung der Zellkerne von Spermium und Eizelle bei der Befruchtung
- Britisches Recht: Schon vor dem 14. Tag nach der Befruchtung stellt der Embryo menschliches Leben dar, aber erst nach der Einnistung in die Gebärmutter ist er ein individuelles menschliches Leben („human life" vs. „human being")
- Ulrich Steinworth: 14. Tag nach der Befruchtung, wenn keine Zwillingsbildung mehr möglich ist und daher „Individualität gegeben ist"
- Prophet Mohammed/Islam: nach manchen Interpretationen: 40. Tag nach der Befruchtung, wenn dem Embryo der „Lebensgeist eingehaucht wird"
- Judentum: 49. Tag nach der Befruchtung, wenn die „Beseelung erfolgt"
- § 218a des Strafgesetzbuches: Bis zu 12 Wochen nach der Befruchtung ist der Schwangerschaftsabbruch unter bestimmten Bedingungen straffrei. Daher fordern manche diesen Zeitpunkt als Beginn menschlichen Lebens.
- Prophet Mohammed/Islam: nach anderen Interpretationen: 120. Tag nach der Befruchtung, wenn dem Embryo der „Lebensgeist eingehaucht wird"

Stichworte zum Vergleich und zur Diskussion der verschiedenen Positionen könnten u. a. sein:
- In sehr vielen Kulturen ist der Zeitpunkt der Befruchtung der Beginn menschlichen Lebens.
- Befruchtungszeitpunkt ist das einzige eindeutige, „objektive" Ereignis, alle anderen Zeitpunkte als Beginn menschlichen Lebens sind mehr oder weniger willkürlich oder haben starken religiösen Charakter („Lebenshauch", „Beseelung" etc.). Kant nennt in diesem Sinne die Befruchtung auch die „einzige willkürfreie und eindeutig feststellbare Zäsur".
- Der 14. Tag nach der Befruchtung taucht in mehreren Positionen als kritischer Zeitpunkt auf, weil in diesem Zeitraum die Einnistung erfolgt (ca. sechs Tage nach der Befruchtung) und damit die Schwangerschaft beginnt bzw. weil dies der Zeitpunkt ist, ab dem die Schwangerschaft frühestens bemerkt wird, also für die Mutter die Existenz eines Kindes offenbar wird.

2

a) Präimplantationstechnik (PID):

a: Durch künstliche Befruchtung entsteht eine befruchtete Eizelle, die sich zu teilen beginnt.

b: Dem drei Tage alten Embryo (8-Zell-Stadium) wird mit einer spitzen Pipette eine totipotente Zelle entnommen.

c: Die DNA dieser Zelle wird im Reagenzglas auf Chromosomenschäden untersucht. Je nach Ergebnis wird der Embryo dann in die Gebärmutter übertragen oder verworfen.

In Deutschland ist die PID verboten, da der Embryo ab dem Zeitpunkt der Befruchtung als menschliches Leben angesehen wird, das zu schützen ist (Embryonenschutzgesetz, 1991). Einen drei Tage alten Embryo, dessen Zellen Chromosomenschäden aufweisen, zu verwerfen, widerspricht der ihm zukommenden Menschenwürde, zumal die einzelne zur Untersuchung verwendete totipotente Zelle ebenfalls den Status eines schutzwürdigen Embryos hat (siehe Abbildung 3 im Schülerband, „Deutschland, aus dem Gesetz zum Schutz von Embryonen").

b) Argumente können u. a. sein:

Pro:

- Durch PID können schwere Krankheiten erkannt werden.
- Wenn verhindert wird, dass ein Kind aufgrund genetischer Ursachen schwer krank ist, bewahrt man es evtl. vor lebenslangem Leiden.
- Embryonen mit schweren Chromosomenschäden kommen oft nicht lebend auf die Welt oder sterben in den ersten Lebensmonaten.
- Schwerstkranke Kinder belasten die Familie.
- Bei schweren Krankheiten, die während der Schwangerschaft diagnostiziert werden, darf die Mutter entscheiden, das Kind abzutreiben. Durch die PID erspart man der Mutter evtl. eine spätere Abtreibung, die psychisch und körperlich belastbar ist.

Kontra:

- Ein Embryo ist bereits ein Mensch und jeder Mensch ist schutzwürdig. Eine Diskussion um den Lebenswert verschiedener menschlicher Entwicklungsstadien öffnet menschlicher Willkür Tür und Tor.
- Wenn sich die PID durchsetzt, werden Menschen mit Behinderung in der Gesellschaft als „heutzutage nicht nötig" angesehen; nur gesunde Menschen sind dann gewollt.
- Die Frage, worauf der Embryo untersucht wird und nach welchen Kriterien ausgewählt wird, ist nicht eindeutig. Theoretisch denkbar für die Zukunft ist ein „Kind nach Maß" (Geschlecht, Disposition für bestimmte Erkrankungen).
- Die Entscheidung über Leben und Tod sollte nicht in menschlicher Hand liegen (religiöser Ansatz).

7.13 Fortpflanzungsmedizin

Verschiedene Methoden medizinischer Fortpflanzungstechnik (künstliche Besamung, künstliche Befruchtung – IVF, Embryotransfer, Leihmutterschaft, Kryokonservierung)	
Vergleich verschiedener med. Fortpflanzungstechniken	1 Abb. 1
Ein Wunschkind um jeden Preis? ethische Reflexion	2 Abb. 4,3,1
Späte Erstgeburten	3 Abb. 2
Ethische Reflexionen	

1

	natürliche Fortpflanzung	künstliche Besamung	künstliche Befruchtung
Herkunft der Eizelle(n)	Bildung in den Eierstöcken, reife Eizelle nach Eisprung im Eileiter	Bildung in den Eierstöcken, reife Eizelle nach Eisprung im Eileiter	Bildung in den Eierstöcken, Eizelle wird mit einer feinen Kanüle abgesaugt
Herkunft der Spermien	Bildung in den Hoden, dann im Sperma des Mannes	Bildung in den Hoden, dann Konzentrierung der Spermien aus dem Sperma und Förderung ihrer Beweglichkeit im Reagenzglas	Bildung in den Hoden, Spermien werden aus Sperma entnommen
Ort der Befruchtung	im Eileiter der Frau	im Eileiter der Frau	im Reagenzglas
Zeitpunkt der Befruchtung	nach Geschlechtsverkehr, wenn Spermium die reife Eizelle erreicht	nach Übertragung der Spermien in die Gebärmutter, wenn Spermium die reife Eizelle erreicht	wenn Spermien im Reagenzglas zu reifen Eizellen hinzu gegeben werden
Ort der ersten Zellteilungen des Embryos	im Eileiter	im Eileiter	im Reagenzglas
Ort der Einnistung des Embryos	Gebärmutter	Gebärmutter	Gebärmutter

2

Fall 1: „Das späte Kind“: Bei der Kryokonservierung werden der Frau Eizellen entnommen, diese bei -196 °C eingefroren und gelagert. Nach dem Auftauen wird ein Spermium in die Eizelle gespritzt und im Reagenzglas beginnen die Zellteilungen des entstandenen Embryos. Mehrere dieser Embryonen werden durch einen Schlauch mit einer Spritze in die Gebärmutter gebracht, wo sie sich einnisten.
Zur Abbildungsunterschrift: Durch diese Technik des Einfrierens (kryos [griech.] = Frost) können Eizellen über lange Zeit aufbewahrt, d. h. konserviert werden.
So können auch ältere Frauen, die keine reifen Eizellen mehr in ihren Eierstöcken bilden, noch schwanger werden, indem ihnen eigene konservierte Eizellen, die im Reagenzglas befruchtet wurden, eingesetzt werden.

Probleme: Ältere Frauen sind weniger belastbar in der Schwangerschaft und vor allem im Aufziehen eines Kindes. Die Mutter des Kindes wird alt sein und evtl. auf die Hilfe des Kindes angewiesen sein, wenn dieses selbst noch nicht erwachsen sein wird. Das Kind wird evtl. unter der Vorstellung leiden, nach Kryokonservierung im Reagenzglas entstanden zu sein.

Fall 2: Eine der beiden Frauen kann durch eine künstliche Besamung die Spermien eines (evtl. unbekannten) Mannes, z. B. aus einer Samenbank erhalten. Nach der Geburt des Kindes können beide Frauen des Paares sich gleichberechtigt um das Kind kümmern.

Probleme: Nur eine der beiden Frauen kann das Kind austragen. Mit dem Kind biologisch verwandt ist nur die leibliche Mutter und der unbekannte Samenspender. Das Kind ist später eventuell Diskriminierungen ausgesetzt und leidet vielleicht unter dem Wissen, Produkt einer künstlichen Besamung mit einer anonymen Samenspende zu sein und darunter, keinen (sozialen) Vater zu haben. (In Deutschland müsste der Spender der Spermazellen genannt werden.)

Fall 3: Eizell- und Samenspenden werden mithilfe der Kryokonservierung aufbewahrt. Nach Auftauen der Proben wird im Reagenzglas eine künstliche Befruchtung durchgeführt. Der entstandene Embryo wird in die Gebärmutter der Leihmutter übertragen, wo er sich einnistet und heranwächst. Nach der Geburt übernehmen die sozialen Eltern den Säugling und das Kind wächst bei ihnen als ihr eigenes auf.

Probleme: Die Leihmutter hat während der Schwangerschaft eine sehr enge Beziehung zum Kind, sodass sie nach der Geburt evtl. das Kind behalten möchte. Das Kind kann später unter den Umständen seiner Entstehung (Kryokonservierung, künstliche Befruchtung mit Ei- und Samenzelle aus anonymen Banken, Austragung durch Leihmutter) leiden.

3

a) Die Grafik zeigt die Verteilung des Alters der Mutter bei der Geburt ihres ersten Kindes in den Jahren 1961 und 2000. 1961 waren die meisten Frauen bei der ersten Geburt ca. 22 Jahre alt (Gipfel der Verteilungskurve), dagegen waren im Jahr 2000 die meisten Frauen bei der ersten Geburt bereits 30 Jahre alt. Deutlich ist auch, dass 1961 keine Frauen über 40 Jahre noch ein erstes Mal Mutter wurde, im Jahr 2000 dagegen reicht die Verteilungskurve bis zum Alter von ca. 45 Jahren. Die jüngsten Mütter waren sowohl 1961 als auch 2000 ca. 15 Jahre alt.

Mögliche Ursachen für die Veränderungen sind u. a. die längeren Ausbildungszeiten (Schule, Studium), und der Wunsch vieler Frauen, nach der Ausbildung zunächst mehrere Jahre zu arbeiten, um beruflich Tritt zu fassen, bevor eine Schwangerschaftspause eingelegt wird. Hier ist auch ein großer Druck durch den knappen Arbeitsmarkt und unsichere wirtschaftliche Zukunftserwartungen entscheidend, der es Frauen oft erschwert, Berufseinstieg und Familienleben zu verbinden. Das (politische) Ziel der Vereinbarkeit von Beruf und Familie ist noch nicht erreicht, zum Beispiel in Hinblick auf Betreuungsmöglichkeiten. Weiterhin ist das Selbstbewusstsein der Frauen gestiegen und viele möchten durch einen eigenen Beruf finanziell unabhängig von ihrem Mann sein, was 1961 noch nicht selbstverständlich war. (Neuere Untersuchungen zeigen, dass weniger die Frauen sondern die Männer willentlich die Geburt des ersten Kindes hinauszögern.) Entscheidend ist auch, dass sich die Möglichkeiten der Empfängnisverhütung verbessert haben und breit akzeptiert sind.

b) Der Trend zum späten Kinderwunsch birgt das Problem, dass Frauen mit zunehmendem Alter seltener schwanger werden, ihre Fruchtbarkeit nimmt ab dem 30. Lebensjahr ab. Wenn ältere Frauen auf natürliche Weise nicht mehr schwanger werden können, ermöglicht ihnen evtl. eine künstliche Befruchtung den Kinderwunsch. So könnte die Aussicht, mithilfe der Fortpflanzungsmedizin auch spät ein Kind zu bekommen, sich dahingehend auswirken, dass der Wunsch nach einem (ersten) Kind aufgeschoben wird.